感恩心做人 责任心做事

庄　立◎著

中国华侨出版社

前言

美国著名管理学者托马斯·彼得曾这样评价企业精神的作用："一个伟大的组织能够长期地生存下来，最主要的条件并非结构、形式和管理技能，而是我们称之为信念的那种精神力量以及这种信念对组织的全体成员所具有的感召力。"企业精神彰显的是企业对员工内心态度的要求，也是员工本身应具备的理想追求。员工是企业的核心竞争力，员工的能力与企业的发展直接挂钩，然而越来越多的企业不再将能力视为企业人才的第一标准。因为现如今，企业危机的症结已经由能力转变为文化精神的缺失。

现代意识越来越强调权利义务关系，这种

纯粹的商业交换关系在现代企业中的表现尤为明显。企业与员工的关系被单纯解读为雇用与被雇用、付出薪资与付出劳动，削弱了文化精神、情感要素，所以一系列危及企业发展的问题纷纷出现：职场情感淡漠，员工工作消极懈怠，出现问题互相推诿，拿多少工资做多少工作、多一分责任都不想承担，将企业的提携和培养视为理所当然，等等。这些表现是现代企业中最为常见的员工问题，而这些表现又都恰如其分地说明了文化精神中感恩心和责任心的缺失。

感恩心和责任心决定了员工面对工作的态度、处理问题的方式和融入企业的速度与深度。众多世界500强企业将感恩和责任视为员工必备的职业素养。任何积极乐观、自动自发，并对一切都怀有感恩、敬意的员工必然是企业中最受欢迎的员工，同样，感恩心和责任心必然为其开拓更广阔的舞台，使其能够更全面、更充分地展现自我，从而实现自我。

一个人穷其一生只为做好两件事：一个是做人，一个是做事。感恩心和责任心是做好这两件事的必然条件。本书以“感恩心做人，责任心做事”为主线，全方位解读员工感恩心和责任心的培养细则，探讨员工职业素养和企业文化精神树立的重要课题，完善员工的职业精神，为现代企业的企业精神管理提供全新的解决方案。

目录

CONTENTS

上篇
感恩心做人

下篇
责任心做事

第三章　拒绝借口：解决问题比解释原因更简单有效

第四章　保持忠诚：有才华不忠诚，只会成为让老板不放心的员工

上篇
感恩心做人

第一章

态度于先：懂得感恩，方知做人

“生活是一面镜子，你对它笑，它也对你笑；你对它哭，它也对你哭”。对于生活，我们需要感恩，感恩自己所拥有的一切。感恩是一种积极、乐观的生活态度；感恩是一种质朴的感情，无论多么华美的语言在它面前都显得那么苍白无力；感恩是做人的基线，懂得感恩，才知道如何为人。

1. 何为“感恩”

生命给予我们的恩赐常常是异常奇妙的，它既包括我们用肉眼所能看到的平常事物，也包括那些我们用肉眼看不到的、要靠心才能感受到的事物。感恩是一种对生命恩赐的领悟，对于那些上天给予我们的永恒的美好和持久的希望，我们不仅需要用肉眼去看，更需要用心去领悟。

鲜花感恩雨露，因为雨露滋润它成长；苍鹰感恩长空，因为长空让它飞翔；高山感恩大地，因为大地让它高耸；而作为人类，所需要感恩的会更多。我们要感谢父母的养育之恩、感谢老师的教育之恩、感谢领导和同事的关怀与帮助之恩、感谢晚辈的赡养照顾之恩。而作为一名社会成员，在一个复杂多变的社会大环境中求生存、谋发展，社会于我们每个人都是有恩的。对于我们身边接触的每一件事情、每一个事物，纵使是一棵树、一朵花、一汪清水、一片绿地，我们也要常怀感恩之心。

何为“感恩”？汉语中，“恩”字可以这样理解：从心、从因，因从口大，乃就其口而扩大之意，亦含有相依相亲之意，心之所依所亲者，彼此之间一定有厚德至谊，即他人给我或我给他人的某种情谊。

汉语词典里是这样解释“感恩”的：“对他人所给予的帮助表示感激。”“感恩”一词是一个舶来品，在西方，“感恩”一词与基督教的感恩节（Thanks giving Day）是联系在一起的。牛津字典这样定义“感恩”：乐于把得到好处的感激表达出来且回馈他人。

感恩是一种对恩惠心存感激的表示，是任何一个懂得感恩之人埋藏心间的情感，它是一种生活态度。一个懂得感恩的人，他眼里的世界必定是五彩缤纷、充满希望的。一切事物都对我们有或深或浅的恩情，我们唯有心存感恩，才对得起它们的赐予。

父母给予我们生命，从我们呱呱坠地的那一刻起，我们就在他们的关爱与呵护中长大，对于他们无怨无悔的付出，我们要心存感恩；朋友带给我们真挚的友情，危机之中，他们总会伸出援手，对于他们那份关心和鼓励，我们要心存感恩；生活中所遇到的挫折虽然让我们备尝痛苦，但它却磨炼了我们的意志、壮大了我们的内心，对于这些挫折，我们要心存感恩。我们还要感恩社会，因为它孕育了无数个不尽相同的个体，让这个世界变得丰富多彩；大自然为我们孕育了大好河山、鸟语花香，对此我们岂能充耳不闻、视而不见？

感恩是一种情怀，更是一种素质。心存感恩之人，一定是一个人格健全、道德高尚之人。无论对于自己、他人还是社会，他都会有一个正确的认识。而这种认识便会催生出他的责任心。在这种责任心的驱使下，他便可以和他人、和社会达成共识、和谐统一。在这种和谐氛围中，人们可以认真、务实地从最细小的一件事做起，平心静气地对待每一件事情，自觉做到严于律己、宽以待人、正视错误、互相帮助……

感恩是一种品质，更是一种责任。人的一生，难免会遇到坎坷，危困之际，那些向你伸出援手的人、那些为你解疑的人、那些给你安慰的人，你如何能够忘记？怎能不思回报？真正的感恩是从美德和真情中生成的，它是一种爱的表达和友善的回声。

让感恩永驻心中吧。因为它可以帮我们赶走内心的积怨，可以荡涤世间一切污浊，它不仅是一种处世哲学，更是一种生活的大智慧。懂得了感恩、学会了感恩，你就明白了感恩的真谛。它可以带给你无尽的幸福和快乐。

一颗感恩的心，就是一颗和平的种子。感恩和报恩之间不能画等号，感恩其实是一种自立、自尊、自强的精神境界。

只有感恩才会惜福，只有感恩才能聚福。一个懂得感恩的人，他的生活会时刻充满理想与希望；一个懂得感恩的人，即使身处波涛汹涌的大海，也会一次次化险为夷；一个懂得感恩的人，一定是一个拥有崇高精神境界的人，他能够用精神这把钥匙开启生命真谛的大门。一颗感恩的心，能让你的内心变得无比温暖，更能让你的精神变得无比崇高。

2. 感恩无时不在、无处不在

每年11月的第四个星期四是美国的感恩节，它是美国的一个传统节日。每逢感恩节这一天，美国人民都沉浸在热闹非凡的节日气氛中。在这一天，人们会前往教堂做感恩祈祷，每一个城市、乡村都会举行化装游行、戏剧表演或是体育比赛。此时，居住在各地的亲人们会从天南海北赶回来，全家人围坐在一起享用味道鲜美的火鸡、南瓜馅饼，还有各种水果。吃完之后，人们还会举行各种传统的游戏，比如南瓜赛跑。

多少年来，无论是在岩石嶙峋的西海岸，还是在风光旖旎的夏威夷，一年一度的感恩节是美国人民从不会忘却的日子。感恩节对于美国人民来说，不仅是一个节日，更像是一种信仰。在这一天，每一个人都要对自己的亲人由衷地说一声“谢谢”，即使不说，也会在心里默默地祈祷。带着一份感恩的心去迎接新的一年，那样的心情想必是美好的、快乐的、幸福的。

然而对于我们，“感恩”两个字在我们的大脑里是不是已经变得很模糊了呢?

我们有很多节日，却唯独没有感恩节，也许这是一种遗憾。每当三五成群的朋友在一起狂欢时，更多的是觥筹交错、喝酒划拳，谁会记得跟身边帮助过自己的人说声“谢谢”？一家人不远万里，欢聚一堂，更多的是家长里短、柴米油盐的热闹，谁会记得跟父母、跟兄弟、跟爱人说声“辛苦了”？是羞于表达，还是根本没放在心上？光有一颗感恩的心是不够的，把它说给对方听，对方才会知道。如果把亲朋好友的恩情视为理所当然的话，恐怕是对这些人的一种无言的伤害。要知道，漠视恩情就是在扼杀良知。

有这样一个故事：

在一个村子里，一家六口正围坐在餐桌前准备吃饭。忙活了一天，每个人都饿得饥肠辘辘了。可是，当母亲把菜端上来时，他们才发现竟是一盆稻草。几个人面面相觑，不可理解。母亲看着他们疑惑的眼神，愤愤地说：“如今你们都已长大，最小的也已经20岁了，这么多年来，你们吃着我做的饭长大，可是我却从没听过你们说一句‘谢谢’，哪怕只是赞美一下饭菜的味道不错也好。可你们从没说过，看来我再怎么精心准备的饭菜，在你们眼里也和稻草差不多！”

这位母亲并不是不爱她的孩子，她只是在抱怨竟然听不到孩子们的一声“谢谢”。任何一个帮助过别人的人都是需要回馈的，当然，他们需要的并不是丰厚的酬金，他们只是想听一些感谢的话。母亲尚且如此，何况其他人呢？所以，如果我们接受了别人的帮助，仅仅心怀感激是不够的，试着把它表达出来，让对方听到，那样他们会有多开心？把感恩的话说出来，不仅为了表示感谢，更是一种内心的交流，人们只有发自内心地息息相通才会碰撞出灿烂的火花，世界也才会因这样的息息相通而变得格外美好。

孤独和黑暗是人类的天敌，一个孤独的人，不仅外表冷漠，内心也会冷如冰窟；一个内心黑暗的人，怎么可能看到温暖的阳光？又怎么可能去照耀别人？当你觉得自己被孤立时，当你身处困境、无人帮忙时，先不要抱怨别人见死不救，而应好好反省一下自己，是不是从未对别人曾经的帮助做出过回应？或是根本就没把别人的恩情放在心上？

“谁言寸草心，报得三春晖”、“滴水之恩，涌泉相报”，这些耳熟能详的古语，很多人都能脱口而出。可是说归说，其中深意又有几人能真正体会？

蜜蜂采花蜜时，在花丛中嗡嗡叫，是在表达对花的感谢；树叶在风中呼呼作响，是在表达对风的恩情。可我们，是否也如蜜蜂和树叶般心怀感恩之情了呢？大多数的人常常对别人给予自己的帮助和情谊、恩惠和德泽视为理所当然，因而从不记在心上。父母给予我们的爱，我们会因为其细小琐碎而不记挂在心，若是他们多说了几句，我们甚至会心生厌烦。我们可以将父母的生日抛至九霄云外，却不会忘记去参加外人的聚会。当我们跟外人开怀畅饮时，是否想过，此刻的父母正在盼着我们回家？

一个懂得感恩的人，往往怀有一颗谦虚之心、敬畏之心。当对方比自己弱小时，他不会趾高气扬，而是躬身弯腰；当别人比自己强大时，他往往心怀敬畏、谦虚以待。所以，当他接受比自己更弱小的人的一点一滴的帮助时，他从不会轻视，更不会忘记。

不要让恨将心房填满，一个心中只有恨的人，不能理解感恩是什么。他常常会自以为是、唯我独尊、目无一切。这样的人怎么会记得谁曾经帮过他呢？又怎么会虚心接受别人的帮助呢？恐怕别人的恩情在他的眼里也会如粪土一样不值一文。一个如此薄情寡义之人，如何能期望他会跟对方真诚地说一声“谢谢”？

那些视金钱、权力为一切的人，也同样缺乏感恩之情。因为他们有权有势，所以总认为自己是菩萨心肠、乐善好施。一个被人求的人，怎么会去求别人呢？一个施恩于别人的人，别人怎么会对他有恩且需要回报呢？所以，他总是用鼻子眼儿看人、昂着头走路。这样的人，想让他弯下腰、蹲下身去感恩于人，岂不是为难他了？

还有一些人，他们不是不知感恩，不是没有感恩之心，而是不知道如何表达，索性就闷在心里。人和人之间是需要沟通的，有沟通才有交流，有交流才会彼此知晓对方的心意。

某报纸曾报道过这样一则消息：

有两个小姐妹，一次在河边玩耍时，不慎落入水里。生命攸关之际，一个好心人救了她们。然而，那个好心人却没留下任何联系方式就走了。一晃十几年过去了，两姐妹已经长大成人，可是对于那个救命恩人她们一直念念不忘，她们的父母也为此一直心怀愧疚。于是，她们发誓一定要找到这个恩人，当面道谢。她们整整找了20年，后来父亲去世，她们便和母亲继续找。在经历千辛万苦之后，终于将这位恩人找到了。两姐妹跪拜在地上向恩人磕了三个响头，那一刻几乎感动了所有人。

长达20年的寻找，为的就是要当面感谢自己的恩人，当她们给恩人磕头的那一瞬间，世界是如此的温馨而美好。

如果你是一个苦恼的人，请学会感恩，因为感恩是驱除你苦恼的一剂良方妙药；如果你是一个对生活丧失信心的人，请学会感恩，因为一颗感恩的心会让你体会到什么是幸福、什么是温暖；如果你是一个郁郁不得志的人，请学会感恩，因为感恩会使你的心情平和、信心百倍；如果你是一个只顾索取的人，请学会感恩，因为感恩会使你学会给予；如果你是一个快乐的人，你也要学会感恩，这样，你的快乐就会像源源不断的江河之水，取之不尽、用之不竭。

没有阳光，哪来的温暖？没有雨露，哪来的润泽？没有水源，哪来的生命？没有父母，我们从何而来？没有亲情、友情和爱情，我们的情感世界将如何维系？因此，让我们试着学会感恩吧，把每一天当作你的感恩节，因为感恩无处不在。

3. 为什么人人都在倡导感恩

我们经常会问幸福是什么？其实幸福很简单，就是拥有一颗懂得感恩的心、一个美满的家庭、一份喜爱的工作、一帮生死之交的朋友。而在所有这些东西中，拥有一颗感恩的心是最重要的。一个懂得感恩的人因为容易满足，所以时常会被幸福之神眷顾。

如果每一个人能在获得别人帮助之后，由衷地说声“谢谢”；在与身边的人相处的时候，能够时刻把对方的好铭记在心，相信这样的社会一定是一个和谐而融洽的社会，生活在这样的社会里，是不是每一个人的梦想呢？

世界上有很多民族都有自己的成年礼。当孩子们长到一定年龄时，大人们就会为孩子举行一场隆重的典礼以示庆贺。典礼结束之后，所有成年的孩子都会从此脱胎换骨。因为这表示他们成了自己的主人，同时也开始了承担责任、贡献社会。美国人也有这样的传统。

某天，在位于德州郊区的一个农场里，主人正在举行一场热闹的生日宴会。宴会的主角是主人刚满16岁的女儿安娜。为了庆祝女儿长大成人，主人特地邀请了几十位亲朋好友前来参加。

安娜穿着一身华美的蓝色纱裙站在门口接待客人，她满脸含笑、举止谦恭。

宴会的音乐响起，安娜和她的父亲翩翩起舞。客人们围在一旁，齐声合唱："甜蜜16岁……"

伴随着优美的歌声，晚会达到了最高潮。此时，安娜要为生日蛋糕点燃蜡烛。16岁生日，点17根蜡烛。安娜拿着火柴，每点一根，便说一句话：

第一根蜡烛，献给我的妈妈。从我来到这个世界上，就一直在您的呵护下长大。每当我苦闷时，您会耐心听我诉说；每当我无助时，您会伸出援手；您是我心灵的港湾，让我随时停靠……

第二根蜡烛，给我的姐姐。虽然有些难以启齿，但我还是要对你说：你是我最好的伙伴，伴我一生……

第三根蜡烛，给我的弟弟。虽然有时你让我心烦透顶，可是我知道，你的顽皮是你向我表达关怀的一种方式；每当我因为一点儿小事掉眼泪时，你总会静静地坐在我身边，给我擦眼泪……

第四根蜡烛，给我的爷爷奶奶。你们总是把我捧在手心上，偷偷给我零花钱，每当我做错事时，你们总是会想100种方法为我挡驾。我的小秘密，你们一清二楚，可你们从不会把我"出卖"……

16支蜡烛依次点燃，每一个火光都像是一份感恩。

第17根蜡烛是献给我的父亲的。虽然你时常会用严厉的目光看着我，可我知道，那是因为你恨铁不成钢；虽然你曾经偷看我的日记，可我知道，那是因为你担心我。爸爸，从此以后，我不会再和你顶嘴，不会再和你对着干，你是我永远的依靠……

我们的生命其实就像那一支支蜡烛。在至爱亲朋的爱护下，我们被点亮，最后汇成一大片灿烂的烛海……

世界著名残疾人激励大师约翰·库缇斯是一个下半身残疾的人，他曾说过："如果你总是抱怨没有好鞋子穿，那就想想那些连脚都没有的人吧！”是的，拥有一颗感恩的心，便拥有了一种积极的生活态度。只有用感恩的心做人，我们才能真正拥有快乐的人生。

《诗经》有云：“哀哀父母，生我劬劳。”意思是说：父母辛辛苦苦把孩子抚养长大，对于父母的这份恩情，做孩子的应时刻铭记、永生不忘。对于父母之恩，我们应懂得感恩，同样，对于朋友、亲戚甚至曾经给过我们帮助的任何一个陌生人，我们同样也要深怀一颗感恩之心。

对于任何一个时代、任何一个社会来说，传统的人伦道德教育是不可或缺的。古语说：“修心成仁，仁者爱人。”一个心中有爱的人，必是一个心怀感恩的人，而只有懂得感恩、学会感恩，才能够将心中的爱传递给别人。一传十、十传百，爱便会在这样的氛围中不断传递下去。其实，在这个世界上，无情无义之人毕竟是少数，甚至有些人是因为患有各种心理疾病才会变得过度关注自我，使人际关系冷漠。

良好的人际关系有赖于一颗感恩的心。据某外国杂志报道：某国的一位医生为了拯救这样的病人，要求他们每人列出一份曾经帮助过自己的人的名单，然后逐一道谢。这些病人照做之后，果然人际关系有了很大改观。

懂得感恩，才会懂得爱。一个内心充满爱意的人，才能获得真正意义上的成功，而一个不懂感恩、心中无爱的人即便成功了，那样的成功也是一种畸形的“成功”。在他的“成功”背后，往往连带着自私、孤独，就像是大海里的一叶孤帆一样永远漂泊在茫茫大海之中。

有了爱，便可以与成功牵手，获得了成功，财富便会滚滚而来。它们就像是穿在一根线上的玻璃球，拽起一个，其他两个也会跟着被拽起来。世界上的每一个人都渴望爱，只有你学会用爱和别人相处，对方才会感知到你的好意和诚心，他们也会向你掏出一颗爱心。

有人问爱的力量究竟有多大？其实爱就是一个能够制造奇迹的魔术棒。在爱面前，再冷的心也会融化，再严苛的法律也会黯然失色。爱可以让你攀登得更高、走得更远；反之，如果你拿着一把匕首走路的话，你不可能走出一条街道。

不要做一个忘恩负义之人，不要以为别人的帮助是理所当然。游走于社会之中，我们必须健全自己的人格、增强自己的道德修养。唯有如此，我们才能报答家庭、贡献社会。我们要做一个有原则的人，善良、真诚、宽容、感恩都是我们应该恪守的做人准则。

不能想象，一个没有感恩之心的人会是一个善良的人、一个真诚的人、一个宽容的人。忘恩负义只会让他变成一具麻木不仁的行尸走肉。这样的人谈何幸福与快乐？跟他相处，又怎能快乐得起来呢？

如果说世界是一片茫茫的大海，那么生活在这个世界上的每一个人就是一滴海水。只有每一滴海水聚集在一起才会形成汪洋大海，任何一滴想脱离大海的海水都会干涸。著名作家刘墉曾说：“做人要心存一颗感恩戴德之心，永存感恩之情。唯有学会感恩、感谢生活，才能获得更大的情感回报，才会更加热爱生命，关爱他人，收获平和与快乐。”

唯有知恩，方才感恩，学会感恩吧，感恩是世上最好的美德。

4. 感恩身边的每一份真情

台湾著名歌手费玉清的那首《一剪梅》，相信很多人都曾听过。歌中唱道："真情像草原广阔……"是的，真情对于我们每一个人来说就像一条纽带，把我们紧紧连在一起，让我们能够体会到真情所散发出来的丝丝暖意。没有真情，我们会不会孤独？没有真情，我们会不会无助？没有真情，我们会不会失去活下去的勇气？相信大多数人都会点头。

真情虽然无声却可以创造奇迹，真情虽然无形却可以撑起我们生的信念。

说起那场地震，每一个人都会心有余悸。那是一场空前惨烈的灾难，几万人的生命刹那间就消失得无影无踪。然而，它虽然夺去了无数人的生命，却并没有夺去一个父亲抢救孩子的信念。

当这位父亲得知儿子所在的小学坍塌之后，第一时间冲到了学校的废墟上。此时的学校已经夷为平地，环顾四周，到处都是孩子家长痛哭的声音，划破长空的哭声似乎是在告诉所有人：孩子是无法救出来了。可是这位父亲却并不相信，只要没看见儿子的尸体，他绝不会放弃。当其他孩子的父母已经瘫在地上时，他用自己的双手扒开一块又一块瓦砾。10分钟过去了，20分钟过去了，他的双手鲜血淋漓，指甲也已脱落，可是他顾不得那钻心的疼痛，依旧不停地扒着。

突然，瓦砾间传出了一声微弱的声音："爸爸。"周围的人们全都惊呆了，因为在废墟中，14个幼小的生命安然无恙。那一刻，父亲那刚毅的脸上终于露出了开心的笑容。他紧紧地把儿子搂在怀中，儿子抬头对他说："我知道，爸爸一定会来救我的！"

是啊，父亲是孩子的依靠，危难之际，每一个孩子都会相信父亲一定会出现在他们面前。那是真情、那是父爱，它可以为孩子驱散一切黑暗，扫平一切困难。世界上还有什么比父子之爱更令人倾心动情的呢？

人世间，最难得的不是钱财等身外之物，而是我们每个人都渴盼追求的真情。真情最难得，即使得到了也最易逝去。也许我们能做的，就是无论付出多少，得到也罢，失去也罢，只要用心去好好珍惜，努力用心去经营着这份感情，纵然是无缘时的别离，至少留给自己的不会那么遗憾。

生命的历程中，是真情演绎了一幕幕动人的画面，是真情谱写了一曲曲动人的乐曲。真情是对生命的无私奉献，是对亲人的不渝眷念，是对生死的勇敢选择，是对世界的最后呼唤。

然而，对于父母的这份真情，我们可曾用心体会过？我们是不是经常对父亲的责备不胜厌烦？是不是时常对母亲的叮嘱感觉啰唆？是不是总是想着等官儿做大了、钱挣多了再去给父母尽孝？如果你真的这样想过，就请你好好反思一下吧。父亲责备我们，是担心我们做错事、走错路；母亲叮嘱我们，是担心我们吃不好、穿不暖、睡不好。这样深厚的世间真情难道只换来了我们的不耐烦？

不要等到自己赚钱之后才想起父母，更不要等自己事业家庭双赢后，才想回报他们。那是不是已经太晚了？不是吗？曾几何时，我们的第一缕微笑驱散了母亲的倦意；我们咿呀学语使父母激动不已；我们蹒跚学步给父母无尽的欢喜；我们拿起纸笔又给父母太多的希冀。所以，就从现在开始，记得在母亲疲惫时端上一杯清茶，记得时常打电话叮嘱父亲要注意身体。

有一个女孩为了前途，常年在外奔波。她的母亲经常给她打电话，叮嘱她要按时吃饭、冷了加衣、阴天不要忘了带雨伞，有时一句话竟要重复好几遍，她心烦极了，于是总是会在电话里没好气地搪塞说："我又不是三岁的孩子！真啰唆。"然后匆匆把电话挂掉。

后来，她的母亲因患胃癌晚期去世。从那以后，再也没人叮嘱她这、叮嘱她那了。一天，她走在街上，突然下起了雨，忘带雨伞的她被淋得浑身湿透。此时，她突然想起了母亲，眼泪不停地往下流。那一刻她终于明白，世上最爱她的人已经离她而去，在母亲活着的时候，她却没有珍惜。

同样，对待爱人给予的真情，我们也要时刻珍惜，不要等失去了，才幡然悔悟。有一位男士经过多年拼搏，终于获得了成功，于是身边总有很多年轻漂亮的女人围绕。他觉得和这些女人比起来，自己的妻子既没有漂亮的脸蛋，又没有苗条的身材，也没有细腻的皮肤，有的只是一天到晚地唠唠叨叨：唠叨他抽烟太多、唠叨他喝酒太多……最终他把一纸离婚协议放在了妻子面前。从此他过上了梦寐以求的自由生活。

但好景不长，一年以后，他的生意一落千丈，那些花枝招展的女人一个个都离他而去，最终他因喝酒过量被送进了医院。漆黑的夜晚，他一个人孤独地躺在医院的病床上，那一刻，他想起了以前生病的时候，妻子总会给他熬一碗热姜汤端到他面前，看着他喝掉……眼泪从他的眼角滑落，他终于明白，妻子的爱就像夏日的阳光，整天烤着自己，让自己总想逃开。可是，如今阳光不见了，他不知道自己该拿什么来抵挡人生那漫漫寒冬。

世间所有生灵仿佛都被一种说不清、道不明的缘分缠绕。是相遇、是离别、是重逢，仿佛都早已注定，它是任何人力都无法改变的。父子之间的缘分、爱人之间的缘分、朋友之间的缘分，这些都是上天赐予我们的礼物。我们应该感谢上天，感谢他们在我们的人生路上陪伴着我们，是他们让我们体会到了什么是幸福和快乐。然而，天下没有不散的筵席，没有人会陪我们终老，缘分有来的一天，就会有去的一天。当他们松开我们的手，渐渐走远时，我们的内心会充满惶恐、空虚、无助、痛苦。因为所有美好的记忆都在我们心里的最深处，我们无法说服自己将那些点点滴滴的往事从脑海中抹去。我们要学会珍惜身边的每一份真情，因为每一份真情都是一份珍贵的缘分，失去便不再拥有。

能有人关心我们、牵挂我们、喜欢我们、欣赏我们，这是多么幸运的事。它让我们领悟到，在人生的旅途中，我们不是寂寞的、孤独的、无助的，有这些充满真情的人们和我们一起抵挡严寒、驱赶黑暗。沉浸在这样的真情之中，我们会变得幸福而又自信，我们的生活会时刻充满阳光。

真情无价，它是这个世界上最宝贵的东西，它会在我们毫无准备的时候来临，相反，也会在我们疏忽大意间溜走。生活中，总会有这样的事发生：当我们信心满满地认为明天一定可以见到他们时，他们却并没有出现，留下我们独自站在原地去承受那种无法抗拒的遗憾和无奈……既然我们不能承受这样的遗憾和无奈，那么我们就要加倍珍惜身边的每一个人，感恩身边的每一份真情。

5. 成功始于感激之心

著名成功学家安东尼说过："成功的开始就是先存有一颗感激之心，时时对现状心存感激，同时也要对别人为你所做的一切满怀敬意和感激之情。假如你接受了别人的恩惠，不管是礼物、忠告还是任何形式的帮忙，如果你够聪明的话，就应该抽出时间，向对方表达谢意。"

美国著名作家爱默生说过："人生最美丽的补偿之一，就是人们在真诚地帮助别人之后，也就帮助了自己。所以，伸出你的手去援助别人，不要伸出脚去试图绊倒他们。一个与人为善、心存感激之人，也许会有一些小小的挫折，但胜利终究会向他招手。"

生活中，没有人能够强大到不需要任何人的帮助。在人生漫长的几十年里，我们往往会遇到很多挫折。挫折有大有小，大的可以扭转我们的人生，小的也会让我们郁闷上几天，而当我们手足无措、一筹莫展之时，总会有人雪中送炭，帮我们渡过难关。可以说，不论我们多么强大，我们也会或多或少需要别人的帮助。然而，当我们脱离困境之后，我们是否还会记得那双当初给我们送来温暖的手呢？如果你对这些人已经不记得了的话，就请你面壁思过一下吧。

一个容易把别人的恩情忘在脑后的人是很难走向成功的，因为，那些帮助过他的人会因为得不到他的回应而离他远去。当他下次再需要帮忙时，他们可能就不会再伸出援手了。每一个人都想成就一番事业，然而，没有哪一种事业是那么轻而易举、唾手可得的。它需要的不仅是才华和能力、意志和决心，同时它还需要别人在关键时刻拉一把。可是，有多少人就是因为在这一关键时刻没有得到及时的帮助而功亏一篑了呢？不要抱怨老天对你不公，不要抱怨你没有获得成功的命，别人不愿伸出援手，必定有他的道理。他们曾经可能对你有求必应，但如果你把他们的付出视为理所当然的话，那便会伤了他们的心。

相反，如果我们能够怀着一颗感恩之心，向所有帮助过我们的人表达我们的感谢的话，那么当我们再碰到困难时，他们怎么会袖手旁观呢？如果我们有一颗感恩的心，即使我们的生活再艰苦、环境再恶劣，我们也能看到沙漠中那一块绿洲，从而怀着更美好的希望向着心中的目标前进，相信成功的那一天就在不远的将来。

这是一个发生在著名的成功学大师安东尼·罗宾身上的故事。

安东尼小的时候家里很穷，每逢佳节之时，别人家里都在热热闹闹准备过节，可是安东尼的家里却异常冷清，因为他们根本没钱买食物。

又是一个感恩节到来了，安东尼的爸爸又和从前一样皱起了眉头。他的母亲为了能让安东尼吃上一顿美味的火鸡，便让父亲去当地的慈善机构申请救济。可是他的父亲却极不情愿走一趟，毕竟这是一件难堪的事。

安东尼的母亲见他的父亲迟迟不走，突然火冒三丈，便和父亲吵了起来。母亲大声呵斥道："你怎么就不能像别人那样去慈善机构走一趟呢？你不去也行，但你少在我面前耍威风。"父亲一时无语，眉头皱得更紧了。

就在这时，一阵敲门声响了起来。安东尼闻声跑去开门，只见门外站着一个个头高高的男人，手里提着很多过节的食物。他满面笑容地对安东尼一家说："这些东西，是一位知道你们有需要的人要我送来的，他希望你们知道，在这个世界上，还有人在关怀并深爱着你们。"安东尼的父亲一听，赶紧推辞。可来人却说："不要客气，我只是一个跑腿的。”他面带微笑，把篮子挎在了安东尼的臂弯里，轻轻地说了句：“祝你们感恩节快乐!”便转身离开了。

安东尼看着他渐渐远去的背影，心里顿时升起了一种莫可名状的神奇感受，那一刻，他觉得整个世界都变得温暖起来。从此以后，这件事在他幼小的心里刻下了深深的烙印，并且影响了他的一生。

虽然这只是一件小事，然而却让安东尼深深地领悟到了人性最可贵的一面，他觉得人生不管多么黑暗，始终还是有希望的。从此以后，他发誓日后自己也要用同样的方式去帮助和他一样需要帮助的人。

时间过得很快，转眼间，安东尼已经18岁了，然而他的经济状况依然没有好转，尽管如此，他还是坚持在感恩节那一天买很多食物送给需要它们的人，因为他一直没有忘记要用行动去兑现当初的诺言。

一天，他手拎礼物敲响了一位中年妇女的家门。这是一位有6个孩子的单身母亲，由于遭到丈夫抛弃，他们一直过着捉襟见肘的日子。眼下，她和孩子们正在为如何过感恩节而发愁，看到安东尼拎着东西，他们满脸狐疑。

安东尼笑笑说：“不要害怕，我是来送货的，女士。”随后将丰盛的礼物放在了女人的手里。女人愣了半晌，方醒过神来。此时6个孩子已经笑得合不拢嘴了。

女人激动得热泪盈眶，连声说谢谢。安东尼腼腆地说：“噢，不要客气，我是受人之托前来送货的。”说完，他递给女人一张小纸条，上面写道：“我是你的朋友，希望你们能过个快乐的感恩节。也希望你们知道，在这个世界上还有人在默默地爱着你们。”当安东尼走在回家的途中，想起那种人与人之间的真情和亲密无间的感受，他的眼角湿润了。

回想自己童年时的经历，没想到它们竟成了引导自己走向坦途的前奏，那些痛苦的经历深刻地改变了安东尼的世界观和人生观。他觉得，懂得感恩并将爱传递下去的人，才是世界上最幸福的人。

带着这样的感恩之心上路，几年后，成功终于向他开启了大门。他从数百名竞争者中脱颖而出，成为了美国总统的特别顾问。后来有人问他是如何成功的，他说道："成功总是钟爱懂得感恩的人。"

人是三分理智、七分感情的动物。与人相处，从来都是你敬我一尺，我敬你一丈。其实很多时候，人与人之间，给予就会被给予，剥夺就会被剥夺；信任就会被信任，怀疑就会被怀疑；付出爱就会被爱。道理很简单：你对我友善，我就会对你友善；你不友好，我也不会向你微笑。

仔细想想，我们的人生多么像一个容器，如果给它注满水的话，水就会不断地溢出来。安东尼因为受到了好心人的感召，所以内心深处一直心存感激，这份感恩之心促使他长大后用同样的方式去对待别人。也许你会说他那样做是因为曾经有人帮助过他，其实，并不是每一个人都能像安东尼那样幸运。没错，安东尼确实很幸运，但是我们就真的没有安东尼那样幸运吗？当然不是，生命中值得我们去感恩的人不只是那些危难之中伸出援手之人，给你生命的父母、给你爱情的恋人、教你读书写字的老师、那个你摔倒了把你扶起来的人，他们的恩情你感受到了吗？你记住了吗？

英国作家萨克雷曾说过："生活好比一面镜子，你对它笑，它对你笑；你对它哭，它就对你哭。"是啊，想想看，当员工以感恩的心态认真工作时，就可以得到相应的回报。当我们感谢公司为我们提供施展才华的舞台、感恩上司帮助我们培养对公司的忠诚、感谢职场使我们能通过工作培养个人能力、积累各种经验时，我们会发现，值得我们感恩的事情其实有很多。不要因为一点儿小事就怨言满腹，当我们把用于抱怨的时间用在用心去对待身边的每一个人时，我们就会以更积极的心态去面对人生。试问，成功会对这样的人视而不见吗？

6. 因为感激，更理解世界的美好

20世纪90年代，中国台湾著名歌手欧阳菲菲的一首《感恩的心》红遍了华语世界。真挚的歌词、优美的旋律，让每一个听过这首歌的人都深深地记住了那充满质感的4个字——感恩的心。甚至直到现在，这首《感恩的心》仍然是各类慈善、赈灾晚会的主题曲。

我来自何方，我情归何处，有谁看出我的脆弱？
我来自何方，我情归何处，谁在下一刻呼唤我？
天地虽宽，这条路却难走，我看遍这人间坎坷辛苦；
我还有多少爱，我还有多少泪，要让苍天知道，我不认输！
感恩的心，感谢有你，伴我一生，让我有勇气做我自己。
感恩的心，感谢命运，花开花落我一样会珍惜。

是的，生在这个世间，我们应该需要感恩。虽然每一个人都是一个独立的个体，但是我们要想在这个世界上求得生存与发展，光靠我们的一己之力是难以如愿的。

当我们还是一个婴儿的时候，我们需要母亲喂我们吃饭、父亲扶我们走路。在我们的成长之路上洒满了他们的汗水。这份养育之恩，我们岂能忘记？当我们一个字也不认识的时候，老师耐心地教我们识拼音、写汉字，在他们的辛勤培育下，我们告别了无知，走进了知识的殿堂。当我们穿上硕士服、戴上博士帽的那一刻，这份教育之恩，我们岂能忘记？而和我们携手走进婚姻殿堂的另一半，永远是那个默默地陪伴在我们身边的人。每当我们累了的时候，为我们捶背，冷了的时候，为我们加衣，这样的关爱，我们岂能忘记？每当我们沮丧的时候，是不是总会给我们的朋友打电话？即使是半夜三更，也要把他们叫出来喝一杯？而当我们遭遇困难时，是不是他们在第一时间向我们伸出了援手？没有他们的宽慰与帮助，我们哪来的信心和勇气去跟困难搏斗、和命运抗争？这样的恩情，又如何能忘呢？

可以说，从我们来到世上的那一刻起，我们就沉浸在别人施予的恩惠里。只有拥有一颗感恩的心，我们才能感知这个世界是多么美好和温馨。

斯蒂芬·霍金，国际著名的数学家和理论物理学家，被称为是当今世界最伟大的科学家之一。这位伟大的科学家拥有着非同常人的智慧，但他的身体却是残缺的。由于年轻时患上了卢伽雷病，使他彻底丧失了行动能力，终其一生都要在轮椅上度过。可是，人们从他的脸上永远看不到一丝沮丧和失落的神情，无论何时何地，他都会用他那标志性的微笑跟所有人对话。

“霍金先生，卢伽雷病已经将你永久固定在轮椅上，你不认为命运让你失去许多出路了吗？”这是霍金在参加一次学术报告之后，一名记者对他的提问。当这位记者刚刚说完时，全场一片寂静，所有人都觉得这样的问题有些唐突。可是，霍金却并没有一丝不悦，他仍像往常一样，露出了那让人熟悉的笑容。隔了几秒钟之后，只见他的电脑显示屏上出现了这样四句话：

我的手指还能活动；

我的大脑还能思维；

我有终生追求的理想；

我有爱我和我爱着的亲人与朋友。

这是霍金用他仅有的3根手指敲出来的。

毋庸置疑，这个只有3根手指可以活动的科学家是一个真正可以跟命运抗争的斗士，然而，如果没有家人无微不至的照顾，没有发达的科学技术，恐怕可恶的卢伽雷病早就要了他的性命。我们不能想象，如果没有计算机，他该如何去表达他的思想，如何让全世界的人领略他的智慧？如果没有发达的医学技术，他那仅仅能活动的3根手指又如何动弹得了？如果没有强大的经济支持，那微弱的3根手指又怎么能产生伟大的学问?

应该说，霍金的成功不只是他一人的成功，人们在为霍金所取得的伟大成就欢呼的同时，也应该向所有帮助过他的人致敬。所以，霍金这个如今完全可以骄傲地面对人生的人，在回答完那位记者的提问后，又打出了第五句话："对了，我还有一颗感恩的心！"

霍金的伟大不仅因为他拥有着常人所没有的智慧，更在于他有一颗懂得感恩的心。相信在霍金的眼里，这个世界是美好的、是温馨的，否则我们怎么能经常看到他那招牌式的微笑?

拥有一颗感恩的心，我们便能拥有一个健康的心态；拥有一颗感恩的心，我们的人生境界就会得到提升。所有对我们有恩的人，我们当然要感恩，然而仅仅这样就够了吗？除了恩人之外，对于生活中的一切，我们是不是也需要感恩呢?

我们是大自然的一分子，对于大自然给予我们的恩泽，我们需不需要感恩呢？当然需要。因为大自然给予了我们壮美的河川、可爱的花鸟鱼虫。和大自然相拥，我们时时可以感受到它的恩泽。春天的温暖和红紫、夏天的炎热和浓绿、秋天的凉爽与苍褐、冬天的严寒与洁白，所有的这一切都让人心生感动、溢满幸福。

清晨，打开窗户，晨风拂过竹梢，露珠晶莹剔透。闭上眼，深呼吸，大自然的气息扑面而来，那是一种美妙的享受。

节假日，我们游玩于青山绿水之中，被鸟语花香环抱，眼前尽是一片赏心悦目的景象。还有比这更美的旅行吗？

漫步海边，望着无边无际的大海，和煦的海风拂面而来，心中的烦恼瞬间便会烟消云散。如此的美好，怎能不让人心旷神怡、流连忘返。

大自然就是我们的守护神，它倾其所有，甘愿奉献，从不吝啬，然而，这是它应该做的吗？当然不是，我们应该懂得，这是大自然给予我们的恩赐，我们唯有用一颗感恩的心把它的好深深牢记，才是对它最好的报答。

常怀一颗感恩之心，即使卑微如小草，也自有小草的芬芳；即使渺小如水滴，也会全身折射阳光。让我们满怀着一颗感恩的心去感知这个世界吧。

那么，生活中的挫折呢？我们应该如何对待它们呢？一句话，感谢它们吧。

著名作家冰心曾说过："成功的花儿，人们只惊羡它现时的美丽，却不知道当初它的芽儿浸透了奋斗的泪水，洒遍了牺牲的血雨。"挫折是我们人生路上的一道难题，虽然它曾让我们备受痛苦的煎熬，甚至一度灰心丧气，但如果我们永远顺风顺水，相信我们的内心将得不到磨砺，意志将得不到锻炼。

一朵花的凋零荒芜不了整个春天，一次挫折同样无法摧毁整个人生。是挫折让我们懂得了什么是信念、什么是坚守、什么是百折不挠。我们要感恩挫折，感恩它带来雨后美丽的彩虹，感恩它成就了光彩夺目的珍珠，感恩它充实了我们不完整的人生。

你是否想过，羚羊如果没有豺狼的威胁，怎能会变得健壮、善跑？河蚌如果没有沙砾的侵害，又怎能长出璀璨的珍珠？

一定要明白，挫折之所以会横亘在我们前进的路上，其实是在考验我们的大智慧。人生的旅途，峰回路转、曲曲折折，挫折随处可见。当我们面对挫折时，应该饱含激情，热情地迎接它、拥抱它；用理智接受它、承载它。感恩挫折，因为只有当溪水冲过突兀的石头时，才能溅起一朵朵精彩的浪花。

人生一世，总会被纷繁复杂的事情纠缠，亲情、爱情、友情、成败、得失、进退、荣辱……苦痛在所难免，欣喜也时常可见。面对如此五味杂陈的人生，我们需要的是怀有一颗感恩的心，唯有如此，我们才能时时收获欢乐与幸福。

土地如果失去了水分的滋润，就会变成沙漠；人心如果没有感激的滋养，就会变得荒芜。知恩图报是我们应有的品德，也是做人的本分。

感恩人生路上的拥有，因为这是我们应得的；感恩那些人生路上的失败，因为失败强化了我们的意志。接纳那些困难与挫折吧，它们是“上天授予之物”，感谢它们吧，拥有一颗感恩的心，才能感知世界的丰富和美好。

第二章

惜恩惜情：别把宽容和帮助视为理所当然

人生需要感恩。没有谁的人生是一帆风顺的，没有谁的成长是没有坎坷的。我们需要父母、老师、朋友的帮助，但是很多人却忽视了他们给予我们的无私宽容和帮助，理所当然地认为，父母和朋友原本就应该如此。学着感恩，带着他们的关怀和帮助去走我们自己的人生路，带着感恩的心去面对他们的帮助，让我们在感恩与接受之间快乐地生活吧！

1. 感恩父母

在这个世界上，父母是我们最亲的人。他们对我们的爱也是最无私、最伟大的。

都说母爱如海，父爱如山。是的，母爱像宽广无垠的大海，有着容纳百川的胸怀；而父爱就像高耸伟岸的大山，有着挺拔向上、刚毅执着的精神。电话里，经常会听到母亲的叮嘱："要记得吃饭"、"要记得加衣"、"别忘了带钥匙"。这些在我们看来再细微不过的小事，在母亲的口气里却显得那么要紧、那么不可忽视。这就是母爱。尽管细微，却满是牵挂；尽管烦琐，却满是担心，可我们有多少人把这样细琐的爱放在了心上？有多少人曾不容分说地挂断过母亲的电话？

而大多数的父亲在孩子眼里都是不苟言笑、沉默寡言的。父亲总是和严厉连在一起，因为如果他不用父亲的威严威慑一下调皮捣蛋的我们的话，他会担心我们有一天会做错事、走错路。有时他被我们气得会斥责我们，甚至还会伸手将我们打一顿。不要以为父亲不爱我们，当他的巴掌落在我们屁股上的时候，他的心比我们还痛。和唠唠叨叨的母亲不同，父亲虽然也爱我们，但他不会把疼爱挂在嘴上。虽然每次往家里打电话时，接电话的大多是母亲，其实父亲就在旁边，你的每一句话他都听得清清楚楚。不要埋怨父亲不叮嘱我们，因为母亲把话都替他说了。虽然父亲无言，可是在我们的内心深处，他是我们永远的依靠。无论我们在外面经历了多少风风雨雨，只要一想到家里的父亲，我们就格外踏实、格外勇敢。如果说母爱似山间的一泓清泉，她给予我们的是纯真和柔情，那么父爱就如同矗立于峰顶的磐石，他给予我们的是坚定与信心。

这是一个发生在20世纪40年代的故事。

一艘轮船正在大西洋上迎风行驶，在船上的众多旅客中，有一位父亲带着他的小女儿，他此行是去美国看望在那里工作的妻子。

一天傍晚，吃过晚餐后，小女儿闹着要吃苹果，父亲便拿出水果刀认真地削了起来。就在此时，船突然摇晃起来，父亲顺势摔倒，手里的刀子扎进了胸口。父亲疼痛难忍，全身都在颤抖，嘴唇已经变成了紫黑色。小女儿见父亲躺在地上，顿时吓坏了，便急忙扑过来想要扶他。此时的父亲艰难地挤出一丝笑容，对小女儿说："不要怕，爸爸只是摔了一跤。"说完后，轻轻地拔出刀子，缓慢地爬起来，趁小女儿不注意，用手指擦去了刀刃上的血迹。

船还有3天就要靠岸了，可是这3天对于这位父亲来说却如3年那么漫长。因为此时的他已经疼痛难忍，但他必须装成若无其事的样子哄女儿开心。他还是像以前那样晚上给女儿讲故事，早上带她去甲板上看大海。其实小女儿不知道，父亲正在一步步走向死亡，他的脸苍白了很多。

那位父亲是在和时间赛跑，他希望自己可以坚持到把女儿交给妻子。在船靠岸的前夜，他对女儿说："明天就要见到妈妈了，到时候请代爸爸告诉妈妈，我爱她。"小女儿很奇怪，问爸爸："我们就要见到妈妈了，你为什么不亲口告诉她呢？"父亲嘴角上扬，摸了摸女儿的额头，深深地吻了一下。

漫长的黑夜终于结束了，船靠岸的那一刻，女儿一眼就在人群里认出了妈妈，她一边喊，一边拽着爸爸往下跑。

然而，父亲被她轻轻一拽就倒下了，胸口里的血喷射而出……

医生检查的结果是：那把水果刀已经洞穿了心脏，本应当场死亡，可他却多活了3天。因为创口太小，那些被刀刺到的心肌没有被彻底切断，所以维持了3天的供血。

这就是父爱的力量，为了不把小女儿一个人留在船上，这位父亲以超常的毅力坚持着活下来，直到女儿在呼喊母亲的那一刻才终于倒了下去。

家庭是社会的细胞，亲情永远是我们人生中最重要的组成部分。不知道感激父母的人，也不会感激他人，更不会感激社会所给予他的一切。父母的养育之恩不能忘，只要条件允许，就请多尽尽孝心。父母期望的不多，一个电话、一次探望就足够了。

有一首歌是这样唱父亲的：父亲是那登天的梯，父亲是那拉车的牛……不要忘记，父亲的背是为我们而驼的，父亲的手是因为劳作才变粗糙的，父亲脸上的皱纹是被牵挂刻上去的。

有一首歌是这样唱母亲的：你入学的新书包，有人给你拿，你雨中的花折伞，有人给你打，你爱吃的（那）三鲜馅，有人（他）给你包，你委屈的泪花，有人给你擦……不要嫌她啰唆，不要说她会担心，不要嫌她走得慢，那条老寒腿经常在夜里把她疼醒。

不能忘记，便要感恩。没有他们就没有我们，虽然我们从小到大吃的是粗茶淡饭，可那是他们用汗水换来的，虽然他们不会说“我爱你”，可那一点一滴的呵护难道不是爱吗？如此博大的爱、如此深沉的爱，对于我们每一个人是那么温暖、那么亲切。唯有感恩，才能对得起他们那无私的爱。

感恩父母，是他们教会我们怎样做人，是他们让我们懂得世界是美丽的，是他们给予我们生活的温暖，是他们任劳任怨抚养我们成长，他们时刻都在为我们付出，时刻都在为我们忙碌。因为他们，我们的世界才变得丰富多彩、变得更加美丽。父母是这个世界上最伟大的人。

2. 不忘他人之恩

《菜根谭》中有一句话是这样说的："我有功于人不可念，而过则不可不念；人有恩于我不可忘，而怨则不可不忘。"

几乎每一个人都有这样的心理：我帮了别人的忙，别人如果不记得，我就会心里不舒服，而如果跟别人发生摩擦的话，心里总觉得是对方的不对。人是一种趋利避害的动物，有这样的心理是十分正常的。但是，不知道你有没有想过，如果凡事都责备别人的话，你的人际关系会怎么样？如果你总是要求别人记住你的好，而对别人的好视而不见的话，别人又怎么评价你呢？

战国时期，秦军围攻赵国，赵国自知实力不足，便向魏国求救。于是魏国的信陵君杀了一个叫晋鄙的叛徒，打败了秦军，解救了赵国。赵王欣喜若狂，便亲率人马前去迎接信陵君的到来。

大臣唐雎对信陵君说："我听人说：'有些事无法得知，但有些事不可不知；有些事不能忘，但有些事不能不忘。'"信陵君疑惑不解。

唐雎解释说："有人恨我，我无法得知，但我恨人，却不可不知；别人有恩于我，我不能忘记，但有恩于人，就不能不忘。"唐雎又说："您虽然解救了赵国，但绝不可对这样的恩惠念念不忘。如果您不忘掉对别人的恩德的话，将来恩大仇也大啊；如果您不能忘记对别人的怨恨的话，只会给自己带来更多的烦恼。”

唐雎的这番话实属智慧之言。想想看，一个人如果老是记着自己的功劳的话，就会变得自高自大，滋生骄狂在所难免；一个人如果不时时反思自己的过错，终有一天会铸成大错。

古人云：“静时常思己过，闲谈莫论人非。”意思是说，一个人应该经常反省自己的过失，然后存善去恶，以是克非；和别人闲谈的时候，不要议论别人的是非。这是我国古代儒家所倡导的道德修养的重要方法。

虽然这句话看起来有些说教的成分，但如果我们仔细想想就会明白，这其实是一种工作和生活的智慧。因为感激他人对自己的恩惠，所以在和别人有冲突和矛盾的时候，不去指责他人的过错，而是要时刻反省自己的错误。即便他人真的有错，我们也应出于感恩的缘故而在内心谅解对方。一个人如果以这种态度为人处世的话，他的人际关系必定会是和谐的，而他个人也会因此而得到提升。

蓝叶毕业后到了一家事业单位工作，她的工作内容是给科长写材料。由于她是新手，对公文写作不是很熟悉，所以每次写完后，她都会给同事小周检查一下，待小周修改完，她再上交给科长。

渐渐地，蓝叶写上手了，小周也觉得没有任何问题了。虽然蓝叶已经过了小周这一关，可是到了科长那里却被批得体无完肤，这让蓝叶多少有些不舒服，但她并没有把不满挂在脸上，依然很谦虚地听科长的教训。

而科长对于蓝叶的谦虚勤奋是看在眼里的，于是就把蓝叶推荐给了上级宣传部门。

一次，上级要求科里写一个重要材料，科长让人把材料组织好，送到蓝叶所在的宣传部门给把把关。蓝叶把资料从头到尾看过一遍之后，觉得有很多不妥，于是自己动笔做了精心的修改。结果上级对这个材料相当满意，科长很高兴。

一次，蓝叶和同事吃饭，说起了这件事。有人对蓝叶说："你应该让科长请你吃饭，文章是你写的，他是沾了你的光。"蓝叶笑笑说："那怎么行，我会写材料是你们教的，我得感谢你们才对。"

从蓝叶这番话中，可以看出她是个很有智慧的人，虽然曾经被科长训斥过，可是她并没有抱怨，反而感激科长给她提供了一个成长的平台。蓝叶也正因为她的虚心、自省和感恩，得到了科长的提拔。

为人处世就应该如此，和别人产生矛盾时，要多反思自己的不足，多感激别人的恩惠，对矛盾不要老是耿耿于怀。倘若能做到这些，人与人之间的摩擦就会少很多，我们的生活和工作就会更加和谐。

爱因斯坦说过："每天我都要无数次地提醒自己，我的内心和外在的生活，都是在其他人的劳动基础上。我必须竭尽全力，像我曾经得到的和正在得到的那样，做出同样的贡献。"我们虽然没有爱因斯坦那样的智慧，但并不代表我们不去追求那样的境界。

人很多时候容易记得荣耀，却不容易记住教训；容易记住自己对别人的好，却总是会把别人对自己的恩惠抛在脑后。当然这是人之常情，可以理解。但是，我们作为人，之所以比动物高级的地方就在于，我们是有思想、有感情的。乌鸦反哺、羊羔跪乳，这些动物都能做到的事，我们为什么就做不到呢？

"滴水之恩当涌泉相报。"这是一句几乎所有人都耳熟能详的话，但是有几个人真正地领悟了呢？如果你不想背上忘恩负义的骂名，如果你不想众叛亲离，就请记住别人对你的好吧，以感恩的心去对待你身边的每一个人。当你想要责怪别人的时候，请先想想别人曾经给过你的帮助吧。

如今的社会，人们的交往范围越来越广，人际关系也因此变得越来越复杂。如此一来，人与人之间的矛盾乃至利益的碰撞就会不可避免地增多。要想维持一个和谐的人际关系，我们就要保持一颗仁厚之心，帮助或救助过别人不要挂在嘴上或记在心头，做了对不起别人的事要经常反省，别人对不起自己时，要立刻忘记。这是古人教给我们的做人的道理。

3. 感谢朋友的包容

你曾为朋友对你的宽容而感动过吗？你曾为朋友对你的宽容而感恩过吗？如果你从没想过这个问题的话，就请你从现在开始学会感恩他们吧。

“二战”期间，美国的一支部队在森林中与敌军相遇，双方展开了激烈的战斗。激战中，两名士兵和部队离散了。这两名士兵是同一个地方的老乡，他们开始在一望无际的森林中寻找大部队。他们既没有水，也没有食物，两人就那样跌跌撞撞地在森林中艰难地跋涉着。面对死神的召唤，他们互相鼓励、互相安慰。一天、两天、三天，他们已经疲惫到了极点，可还是看不到大部队的影子。

幸运的是，他们打死了一只野鹿，这是他们唯一的食物。于是靠着这些鹿肉，他们继续往前走。可是鹿肉只有那么一点点，以后他们再也没有猎到动物。仅剩下的一些鹿肉，背在那个年轻士兵的身上。

就在这时，他们又遇到了前来扫荡的敌人，又是一场激战，结果他们巧妙地避开了敌人。就在他们自以为已经转危为安时，只听到一声枪响，那个背着鹿肉的士兵中枪了，好在子弹只是打在了肩膀上，并无大碍。后面的士兵急忙跑过来，赶紧抱起战友，痛哭流涕、语无伦次，他二话没说就把自己的衬衣撕下来帮战友包扎好伤口。

到了晚上，他们在一棵大树下休息。那个未受伤的士兵嘴里一直念叨着母亲，眼神里充满了绝望。他们都以为自己就要长眠在这片森林里了，便都想让对方活下来，身边的鹿肉谁也舍不得吃。没有人知道他们是怎么熬过那一夜的。

第二天，大部队竟然出现了，他们得救了。

那位受伤的士兵名叫安德森，时隔30年后，他说："我知道是谁开的那一枪，是我的战友，他已经在去年去世了。在他抱住我时，我碰到了他发热的枪管，但我没有揭穿他。我知道他是想独吞那块鹿肉活下来，但我也知道他活下来是为了能够见到他的母亲。在此后的30年里，我只字不提那件事，就当什么也没有发生过。战争太残酷了，直到最后，他的母亲也没有见到他的儿子。后来我们退役返乡后，我和他一起祭奠了老人家。他跪下来，请求我的原谅，我只是笑了笑，没让他说下去。此后，我们又做了20几年的朋友，既然是朋友，就应该宽恕他。"

安德森是一个心胸宽阔的人，是一个值得敬重的朋友，而对于那个向安德森开枪的战友来说，他是幸运的，因为他做错了事却得到了朋友的原谅。也许有的人能够容忍别人的固执己见、自以为是、傲慢无礼、狂妄无知，却很少有人能够容忍别人对自己的恶意诽谤和致命的伤害。但安德森却能以德报怨，把伤害留给自己，让战友获得良心上的安宁，可以说这是宽容的至高境界。

天空因为容忍了雷电与风暴的肆虐，才会风和日丽；大海因为容纳了惊涛骇浪的猖獗，才会浩瀚无垠；森林因为忍耐了弱肉强食的规律，才会变得郁郁葱葱。朋友的宽容是美丽的，朋友的宽容是伟大的，如果我们遇到一个能够宽容我们的朋友，请记得对他心怀感恩，因为他给了我们任性的机会，同时也给了我们悔过的机会。

泰山不辞抔土，方能成其高；江河不择细流，方能成其大。宽容是壁立千仞的泰山，是容纳百川的江河，因此，感谢朋友对自己的宽容吧，朋友因为关心我们，才会允许我们犯错；因为珍惜我们的友情，才会容忍我们的所有过错。

两个朋友在沙漠中行走，途中两人因为一件事吵了起来。其中一个怒不可遏，伸手就打了另一个一记耳光。被打的那个人什么也没说，只是在沙子上写了这样一句话：“今天我的好朋友打了我一巴掌。”他们继续往前走。走了很久，来到了一片碧绿的田野旁停了下来。可是那个挨了一巴掌的人却不小心掉进了水里，要不是朋友伸手相救，恐怕他必死无疑。被救起后，他拿了一把小刀在石头上刻了这样一句话：“今天我的好朋友救了我一命。”朋友感到很好奇，就问他：“为什么我打了你以后，你要写在沙子上，而现在要刻在石头上呢？”

挨打的人微微一笑，说：“被朋友伤害时，我要写在易忘的地方，风很快就会把它抹去；如果朋友帮了我，我就要把它刻在心里的深处，在那里，任何风都吹不到它。”

故事中那个挨打的人是一个很有智慧的人，他懂得感恩，懂得只有把伤害忘记、将朋友的帮助铭记，才能活得更加快乐，同时也才能拥有更多的朋友。我们是不是也应该向他学习呢？就算最要好的朋友之间也会有摩擦，我们也许会因这些摩擦而分开。与朋友相处时的那些伤害往往是无心的，然而，他们的帮助却是发自内心的。既然是无心的，我们又何必耿耿于怀？既然是真心帮助，我们又怎能不心怀感恩呢？

4. 珍惜能够同甘共苦的朋友

真正的友谊往往在一个人有困难的时候会被无限放大，体现得淋漓尽致。

罗曼·罗兰曾经说过：“谁要在世界上遇到过一颗友爱的心，体会过肝胆相照的境界，就是尝到了天上人间的欢乐。”是的，人活一世，没有朋友的陪伴是孤独的，没有朋友的帮助是无助的，没有朋友的患难真情，我们的生命也会缺少一点温情。

患难时，朋友的真情是伟大的，谁能拥有这样的友情，谁就是世界上最幸福的人。所以，请对这让我们倍感幸福的友情心怀感恩吧。

林德有一架小型飞机。一天，他和好友帕森要乘飞机飞过一个人迹罕至的海峡。飞机已经飞行了两个小时，再有半个小时就能到达目的地了，可是这时林德发现飞机的油箱竟然在漏油。两人顿时慌了手脚、不知所措，过了一会儿，林德说："我们有降落伞！"说着，他将操纵杆交给也会开飞机的帕森，自已去拿降落伞。

林德在帕森身边放下一个装有降落伞的袋子，说："帕森，我先跳，你在适当的时候再跳。"说着，没等帕森点头，他纵身跳了下去。飞机上只留下了帕森一个人。

飞机仪表显示油料已尽，帕森决定跳伞。他抓过降落伞包，一掏，大惊，包里没降落伞，只有林德的旧衣服。帕森破口大骂。无奈，他只得尽量往前开，能开多远算多远。飞机直线下降，已经与海面越来越近了……

惊恐过度的帕森已经彻底绝望了，就在这时，眼前竟然出现了一片海岸。他兴奋地大声欢呼，随即用力猛拉操纵杆，飞机贴海面冲到海滩上，帕森晕了过去。

半个月后，帕森回到他和林德所居住的小镇，他打算去找那个忘恩负义的林德算账。他站在林德的家门口大吼："林德，你这个该死的畜生，给我滚出来！"只见林德的妻子和3个孩子跑了出来，帕森跟她说了整件事情的经过，但林德的妻子说林德一直没回来。

后来翻检林德的伞包时，她从包底拿出一张纸片，随即就大哭起来。帕森不知何故，拿过纸片一看，上面写着两行字：帕森，此时飞机下面是鲨鱼区，跳下去肯定会死；不跳，没油的飞机会很快坠海。我跳下后，飞机的重量就减轻了，那样你就能滑过去……大胆地向前开吧，不要害怕！

古语说得好："岁寒知松柏，患难见真情。"对于我们所有人来说，朋友是一个充满温馨的字眼儿，他们能让我们有一种坚实的依靠，他们会和我们同甘共苦，甚至不惜放弃自己的生命。如果在你前进时没有人为你摇旗呐喊，摔倒时没有人伸手将你扶起，孤军奋战的你一定会被痛苦压倒、被孤独打败。人生在世，拥有朋友的日子是幸福的，我们应当对朋友的患难真情心怀感恩。

5. 谨记困境中朋友的援手

朋友有很多种，有的朋友会在我们风光无限时蜂拥而至，而有的朋友却会在我们落寞时向我们走来。

杰克是一个特别喜欢浪漫的人，所以他经常会在手机里存些风花雪月的短信，直到有一天，他遇到了一件事，使得他从此只在手机里存了一句话："需要钱吗，今天？我给你送去，要多少？"

短信的发送日期是3年前的一个周末。事情是这样的，3年前的那个晚上，杰克突然感到不适，被送进医院，结果诊断他患上了一种严重的病，需要马上实施手术。杰克不得不停止一切工作，住进了医院的病房里。

当时，他因为刚换工作，手里没有多少钱。如果要做手术的话，他那点儿钱是根本不够的。这可怎么办呢？躺在病床上的杰克急得像热锅上的蚂蚁。他也想到跟朋友开口，可这不是他的风格。这么多年来，他从来都是帮别人的角色，怎么能够接受别人的恩惠呢？

此时，正好一个远在外地的朋友来看他。这个人是一个做事十分低调的人，但心肠很好。他问杰克需不需要钱，杰克以为他只是客气一下，于是就随口地说了句：“还好啦。”朋友走时，又叮嘱了一遍：“如果真缺钱的话，就马上告诉我啊！”杰克也只是轻轻地点了下头。

过了几天，他忽然收到朋友发来的短信：“需要钱吗，今天？我给你送去，要多少？”杰克心里一震，眼泪夺眶而出。“原来他是认真的啊！他是真的想要帮我啊！”其实，这个朋友知道杰克不会主动开口，所以特地再发短信来问他。

真正的朋友是什么？不是在你风光无限时为你举杯庆祝的人，而是那些在你身陷困境时向你伸出双手的人。我们一生中会遇到很多这样的朋友，他们就像一根拐杖，总会在我们跌倒时第一时间出现在我们身边，当我们失意、痛苦、受挫、无助时，他们总是坚定地站在我们的身后，用同样柔弱的肩膀与我们一起承担，哪怕我们已经穷困潦倒，他们依然会送上安慰、体贴、关怀和抚慰的话语。这样的朋友虽然不会说什么甜言蜜语，但有他们在身边，我们会感到十分踏实可靠；这样的朋友虽然没有万贯家财，但他们的关心和叮嘱却是这个世界上最值得珍惜的礼物。

纪伯伦说：“你的朋友是你有回应的需求，他是你用爱播种、用感谢收获的田地，他是你的饮食，也是你的火炉。当他静默的时候，你的心仍要倾听他的心。”

朋友的真正含义并不是物质的索取，而是精神上的皈依，但朋友一定会在你遭遇困难的时候雪中送炭。

“二战”时期，英国一个村庄的学校遭到了轰炸，一个名叫瑞丽的小女孩受了重伤，必须及时输血，否则性命难保。负责抢救的医生到处寻找和瑞丽血型相同的人，可是找了很久都没找到。此时，小女孩已经因失血过多，奄奄一息了。

与瑞丽一起的还有几个没有受伤的孩子，他们在瑞丽身旁，惊恐地看着即将死去的瑞丽。突然，一个小男孩举起了手，小声地说："我愿意为她输血。"实在别无他法的医生抱着试一试的想法，迅速给小男孩验了血型，结果两个孩子的血型正好相符。

小男孩静静地躺在床上，血缓缓地流进了瑞丽的身体。小男孩十分紧张，恐惧地看着身旁渐渐恢复生机的瑞丽。后来，他实在忍不住了，终于发出一声细微的呻吟，声音很小，医生抚摸着他的头，轻声地安慰他，可他还是非常害怕，浑身都在发抖。

旁边的一个护士耳朵很灵敏，听到了小男孩的担忧。原来，小男孩轻轻地呻吟了一句："我会不会死去？"

医生听护士讲完后，不解地问小男孩："那你为什么还愿意给她输血呢？"小男孩仍是小声地说："因为她是我最好的朋友！"

顿时，医生和所有在场的人都愣在了那里，眼眶湿润了。

这是一个让人感动的故事。小男孩认为自己一旦被抽血就会死亡，可他最终还是举起了手，因为小女孩是他最好的朋友，他愿意用自己的生命去帮助她。

真正的友情虽然不一定要用生死与共来证明，但它是一颗埋藏在内心的种子，既需要别人友情的浇灌而长大，也需要给予别人绿茵而长大。感谢朋友在我们危难之中伸出双手，那双手不仅带给了我们帮助，还给了我们浓浓的幸福和温暖。

第三章

摒弃抱怨：对工作的感恩成就事业的高度

用感恩的心对待工作，你便不会抱怨；用感恩的心对待工作，你便不会乏味；用感恩的心对待工作，你会充满激情、尽职尽责。所以，对工作的感恩之心，直接影响着你的事业所能达到的高度。成功学家安东尼说："成功的第一步就是先存有一颗感恩之心，时时对自己的现状心存感激，同时也要对别人为你所做的一切怀有敬意和感恩之情。领袖的责任之一便是感谢。"

1. 工作提供了实现自我的机会

在很多人眼里，工作都是一个略显灰暗的词，为什么这么说呢？因为工作意味着劳累、意味着束缚，所以我们经常会听到很多人抱怨自己的工作。他们今天抱怨工作太累，明天抱怨工作太乏味，后天抱怨老板太苛刻等。总之，工作是一个让人十分郁闷的字眼儿。

然而，我们以如此怨恨的态度看待工作，对于工作来说是否公平呢？恐怕是很不公平的吧。我们何不这样想一想呢？工作是累，但它为我们展示了广阔的发展空间；工作是辛苦，但它为我们提供了施展才华的平台。不是吗？我们经常说要感恩生活、感恩父母、感恩朋友，那么，我们是不是也应该感恩工作呢？

一个懂得感恩的人，会在工作中把自己的热情和积极性彻底发挥出来，从而使自己的价值得以实现。如果懂得感恩，我们就不会去计较加班费、额外的奖励、加薪升职，而是尽心尽力地工作，并且在这个过程中提高自己的执行力和创造力。

因此，我们要珍惜自己的工作，对工作为自己带来的一切心存感激，并且要通过努力工作来回报领导对自己的关心和同事们对自己的帮助。

如果我们懂得感恩，我们就不会再推诿、再抱怨，当遇到困难时，我们也不会知难而退，因为我们不再是单独奋斗的个体，集体这个强大的后盾会给我们提供支持与鼓励；如果我们懂得感恩，我们就能够理解老板为什么会批评我们，为什么会对我们要求那么严格。

对工作怀有一颗感恩的心是对每一个职场人的要求。那么，我们应该如何感恩呢？最好的方式便是尽心尽力地把自己的工作做好，我们要把公司的利益放在首位，一切以公司的利益为重，一切从公司的角度出发。我们要用行动做出切实的回报，尽心尽力地上好每一天班，站好每一班岗，做好每一件事。

是工作这个舞台给了我们生活的基础，给了我们实现梦想的机会。在这个舞台上，我们增长了阅历，丰富了自我，实现了自我的价值。

是工作培养了我们、磨砺了我们，给了我们一个可以追逐梦想的天空。如果我们能让对工作的感恩成为一种习惯的话，我们就会感受到个人的荣辱和企业的发展融为一体，就会对企业忠心耿耿，我们的工作将会充满激情和成就感。只有懂得感恩的人，才能成就他生命和事业的高度。

我们生命里最美好而又宝贵的馈赠是什么？是工作。工作为我们提供了稳定的薪水，让我们实现了经济保障，解决了衣、食、住、行等生存所需；稳定的工作，让我们的心安定下来，驱除了我们在社会上的漂泊感。同时，工作还使我们获得了快乐和满足。通过工作，无数人获得了便利的服务和需要的物品，顾客的需要得以满足，企业创造出了更大的价值，为社会谋求了更高的福祉。这个世界上，有非常多的人在依赖着我们。谁能说被别人需要不是一种快乐和满足呢？

工作给了我们锻炼能力的机会，也给了我们广阔的发展空间，让我们能够明确自己的目标，做好自己的人生规划，然后一步一个脚印地去实现自我、成就自我。

在工作中，我们能够最大限度地发挥自己的才能，实现自己的理想和抱负，从而获得深层次的使命感和成就感。从这个意义上来说，工作就是充实自我、表达自我、成就自我的过程。

某公司总部的办公楼里有一位临时雇用的清洁工，她是整个公司里唯一一个没有学历的人。然而她的工作却是最辛苦、薪水最少的。很多人都认为她的生活一定是灰暗的，可事实上，从她每天的笑容中可以看得出来她很快乐。

同事们经常可以听到她一边工作，一边哼小曲儿，几乎天天如此。她十分热心，不管谁找她帮忙，她都会立马答应下来。有的时候，她不得不加班加点地搞卫生，但她没有丝毫怨言。公司的地板从来都是干干净净的，玻璃从来都是光洁明亮的，办公桌从来都是一尘不染的。

热情是可以传染给别人的，周围的同事也很快被她感染了，为此，很多人都喜欢和她交朋友，甚至是那些高层领导也会时时和她寒暄两句，没有人在意她的工作性质和地位。她的热情就像一团火，慢慢地，整个办公楼的人都被她融化了。

公司老总十分惊讶，便问她：“能告诉我，你为什么每天都这么开心吗？”

她笑着说：“因为我在为世界上最伟大的企业工作。我没有学历，能够在这样的公司工作是我的幸运，感激公司能给我这份工作，可以让我有不菲的收入，能够供我的孩子读完大学。而我只能用好好工作来回报公司，一想到这些，我就非常开心。”

老板被女清洁工那种感恩的深情深深打动了，他动情地说：“那么，你愿不愿意永远为我们工作呢？我们需要你这样的员工。”

“当然愿意，那是我最大的梦想！”女清洁工兴奋地说。

此后，女清洁工开始用工作的闲暇时间学习计算机知识，公司里的任何人都乐意帮她。几个月后，她真的成了这家公司的一名正式雇员。这个老板是比尔·盖茨，这家公司就是微软。

这位女清洁工对于工作的感恩态度，使得她永远对工作充满着热情，这样的心态怎能不让老板为之动容？正因为如此，这个500强企业才毫不犹豫地向她敞开了大门。

工作是我们生命中最珍贵的礼物，无论何时，我们都不能忘记感谢工作给予我们的恩惠。

在当今充满着挑战和竞争的社会中，心怀感恩、善待工作，怀着一颗感恩之心尽心尽力地去工作，从一点一滴做起，从身边的小事做起，为企业的进步与发展发一分光、散一分热，这样你就一定会成就自己的职业理想，实现自己的人生价值。

2. 每个职位都有价值，没有大小之分

大多数人都有这样的心理：会对一个陌生人的帮助而感激不尽，可是感谢自己的工作的人却并不是很多。相反，在很多人眼里，他们对自己的工作、对自己的职位总是充满鄙视和漠然，而且把工作给予自己的一切都视为理所当然。

其实，职位虽有高低之分，却没有贵贱之别。无论我们身在什么职位，都要尽心尽力，做好自己的本职工作。怀着一颗感恩的心面对自己的职位，我们将不再感到痛苦和无聊。

工作是我们生存的物质之源，它解决了我们衣、食、住、行等生存所必需，为我们的生活提供了有力的保障：稳定的工作带来稳定的收入，稳定的收入带来稳定的生活，而稳定的生活是人生快乐、幸福的根基，经济上的保障能让心灵更安定，能够让漂泊的心安顿下来。

工作中的职位是我们发挥自己价值的平台，它对于我们是意义非凡的。我们要好好珍惜这个职位，把这份美丽的馈赠捧在手上，用自己的实际行动化感恩为动力，奋发努力地工作，以此来回报这份来之不易的美丽馈赠。

怀着一颗感恩之心去工作，我们就能把工作变成一种快乐的享受，进而每天都充满激情地去工作，不再把精力放在如何推卸责任、如何寻找借口这些事上。只要你用一种感恩的眼光去看待工作，你就会发现：

工作给我们提供了一个提高能力的场所，一个展现能力的舞台，一个实现梦想的机会。

也许你的职位无法完全符合你的心意，但要记住，你的职位中仍然蕴涵着宝贵的经验和资源。如果你能每天怀着一颗感恩的心去工作，在工作中始终牢记“拥有一个职位，就要懂得感恩”的道理，你就会心存感激，并尽心尽力做好手中的每一项工作，而不再一味地去计较一时的得失。

在现代社会里，工作是一个永恒的话题。对于以盈利为主要目的的现代企业来说，这种感恩的心态是特别值得提倡的。对于我们来说，感恩是一个付出和信任的过程。一种感恩的心态，对于一个员工来说，无疑是不可或缺的精神力量。是我们的职位为我们提供了生存发展的物质资料，可以让我们充分展现自身人生价值，让我们的生活变得丰富多彩，并且在我们的现实与理想之间架起了一座桥梁，同时也会让我们对自己所在的职位产生巨大的热情。

我们总是对亲人、师长心怀感恩，却很容易忽略我们的职位。我们的职位为我们提供了施展才能、实现和提升个人价值的平台，我们应该更加努力，以出色的工作业绩来回报我们的职位。

感恩是一种积极健康的心态。当你以一种知恩图报的心情面对你的职位时，你就会在工作时拥有愉快的心情，这往往会使你变得出类拔萃。如果你想在工作中拥有一份好心情，你就要杜绝那些满腹牢骚的行为，以感恩的心态去面对你的职位。

一个人如果总是算计着自己到底能得到多少报酬，如果总是将自己的抱负困在装着薪水的红包里，他又怎么能看到工资背后获得的成长机会呢？他又怎么能意识到自己的职位给予自己的锻炼和磨砺呢？一个创业的老板深有感触地说：“过去我为别人工作，现在是为自己打工。那时总认为老板太苛刻，现在却觉得员工太懒惰、缺乏主动性。其实，什么都没有改变，改变的只是心态。”

很多人在自己的岗位上没工作几天，还没有做出什么成绩，就和用人单位讨价还价，谈条件、讲报酬。因为这些员工根本没有考虑到企业对他们的培养，更不会为企业的付出而心怀感恩。

不懂感恩，工作成为只为获取薪水的劳动，这是非常狭隘、片面的。缺乏长远规划不利于成长，如果我们把工作放在获得学习机会、积累工作经验、提升个人职业素养的高度上，那么，我们就会以另一种心态来对待我们的职位：每一天，我们都会尽心尽力地工作，每一件小事情，都会力争高效地完成。

如果你每天都带着一颗感恩的心去工作，你就会热爱你的工作，你就会多花时间在工作方面，而且还会力求完美、再创佳绩。

常常会听到这种话：“我真不理解为什么有那么多人放弃了对成功人生的追求，能够容忍、放任一个不成功的自己失败地活在这个世上。”

高不成、低不就的心态害了许多人。其实，人生的每一步都十分重要，譬如——你现在的职位。

也许你会不以为然：我现在的职位简直不值一提，它实在太渺小啦!

其实，正是这种隐藏于你潜意识当中轻视自己、轻视职位的态度毁了你。你或许会说：“我现在这个职务、职位都不是我喜欢的，我的目标不是它，我在等待真正属于我的职位。”这样的话说出了很多人的心声，然而也正是这样的心态导致很多人与成功失之交臂。

不要嫌弃你的职务卑微，它正是送你走向未来的传送带。世界上任何一个职位之间都是互相联系的，你完全可以把你目前的职位当成是你走向成功的跳板。世界上有无数个令人艳羡不已的职位，有无数个令人振奋的机会，但是它们从来都是留给那些心怀感恩的人的。因为他们心怀感恩，所以他们会认认真真做好每一件事，他们会用自己的努力和热情为公司添砖加瓦，进而为自己赢得更广阔的发展空间。

我们现在不起眼的职位是我们通向明天，实现梦想的必经之路，我们现在的职位来之不易，就在我们现在这个位置上，曾诞生过无数的英雄、伟人。只要我们懂得珍惜它，懂得感谢它，并且胜任它，它就能回报给我们更加灿烂的未来。

不要抱怨自己的职位低微，其实，我们的职位就像是一副多米诺骨牌，一块块摆好的骨牌如长龙般地立在那里，每一块之间都必须保证恰当的距离，并且在转弯时，骨牌倒向的夹角必须控制有度，这样它才能“一帆风顺”地抵达终点。

只要其中任何一块骨牌，哪怕是最不起眼的那一块如果出现脱节、挪位或偏角过大的话，游戏就会全盘皆输。我们的职位难道不正是其中的一块骨牌吗?

请对你的职位心怀感恩，无论它是显赫还是卑微，你只有无怨无悔地爱它，它才会给予你丰厚的回报。

3. 把感恩化成工作的动力

一次，在一个国际企业家论坛上，一名记者问台上的一位企业家最欣赏的员工是什么样的，这位企业家说："有一颗感恩之心的员工。一个对人、对事、对物始终保持一颗感恩之心的人，一定会成功。"

拥有一颗感恩的心，既是做人的一种道德准则，也是事业成功的秘诀之一。

在20世纪80年代，当时的他还只是一个名不见经传的小员工。那时的他家里十分拮据，甚至连结婚的钱都拿不出来。眼看还有两个月就到婚期了，他急得像热锅上的蚂蚁。就在这时，他当时的厂长知道了这件事，于是借给了他500元，让他回家完婚。这500元对于他来说可是一笔天文数字，因为他当时的工资每个月只有20元。

心怀感恩的牛根生一直把厂长的这次帮助铭记在心，每当想起这件事时，他的心里便充满了温暖。如何才能报答厂长的帮助呢？他想，恐怕只有努力工作了。从那以后，他开始加倍努力地工作，他每天都是早出晚归，常常在厂里一干就是十几个小时，从没有一句怨言。当同事问他为什么这么卖力时，他总是笑着说："我感谢我的工作还来不及，怎么会觉得累呢？"

渐渐地，他的任劳任怨在厂里出了名。别人上一天的班，他可以上两天，公司如果有新项目时，他会第一个报名参加。转眼又是一年过去了，他已经跟着项目组做了几项大型的项目，在这个过程中，他的能力得到了提高，而他的自信也是在这个过程中增长起来的。每当工作上遇到什么难题时，他都首当其冲，想尽一切办法把问题解决好。这让厂长在高兴之余也对他产生了信赖，厂长觉得他是个可以担当重任的人。于是，厂长一有什么事，他便会第一个被提名，而每次的任务，他都是完成得漂漂亮亮，同事都笑称他是厂长手里的“王牌”。

正如他的同事所问的，他为什么会那么卖力工作呢？那是因为他有一颗感恩的心。在他的内心深处，充满了对厂长、对工作的感恩之情，正是这种心态，使得他能够把感恩化成动力，用自己的努力去回报厂长、回报他的工作。也正是由于感恩，他不仅为工厂带来了效益，还为他以后的事业做好了铺垫。

怀有一颗感恩的心，感谢工作为我们提供的平台，这样我们就会取得同事的信任、友谊和支持，进而取得事业上的成功。现实中，没有人愿意总是面对一副冷冰冰的面孔，也没有谁愿意和一个忘恩负义的人打交道。不但如此，懂得感恩还是衡量一个人是否具有高贵品格的标准。一个品德高尚的人，会永远牢记别人对自己哪怕只是一点点的帮助；而一个道德沦丧的人，即使别人施与他再大的恩惠，他也视为理所应当。在工作上，前者可以获得领导和同事的喜爱，后者则会成为被孤立的对象。

感恩不是简单的一句话，它是一种心态，需要我们每一个人去努力培养。首先，我们需要做的就是超越自己，把自己放到公司那个广阔的平台上。我们进入一家公司，有了施展自己理想和抱负的舞台，我们就应该感激那些给我们提供了工作岗位以及帮助我们在工作中积累经验和知识技能的人。因为我们的发展是建立在公司的发展基础之上，而公司的发展在相当程度上又是老板苦心经营的结果，并且你的进步也得益于你的老板和同事的关心和帮助。经常会听到有人说："我取得的成功都是我自己努力的结果，跟老板有什么关系？凭什么要对他感恩戴德？"一个有着如此狭隘心态的人，如何能够获得老板的认可和支持呢？而同事又会怎样看待他呢？

我国有句古语叫："一日为师，终身为父。"此处的"师"，不只是学校的老师，也可扩大为职场的老师（包括我们的老板、同事等）。我们不妨想一想，如果老板不给我们机会，我们怎能展示自己的才华？如果没有同事的帮助，光凭一己之力，我们怎能完成一项庞大的工作任务？工作是我们人生最重要的一部分，是工作让我们有了生存的基础，是工作给了我们展示自己才能的机会，也是工作锻炼了我们的意志、增强了我们的信心，使我们不断强大起来。可以说，在我们人生的履历上，工作是我们永远不可抹去的一笔，它永远不会随着岁月消失。

"如果你把工作看成一种乐趣，人生就是多姿多彩的；如果你把工作当作一种义务，人生就是地狱。"这是一种积极的人生观，也是一种积极的工作态度。

感恩工作便会热爱工作，怀着这样的心态，我们就能把绝望的大山凿成一块块希望的磐石。可是总有些人不够智慧，他们虽有伟大的志向，却总是对工作过分挑剔，他们一直在寻找"完美的"雇主或工作。事实是，雇主需要尽心工作、诚实而努力的雇员，他只将加薪与升迁的机会留给那些格外忠心、格外努力、格外热心、花更多的时间做事的雇员，因为他在经营生意，而不是在做慈善事业，他需要的是那些更有价值的人。

不要说"我们只不过是奴隶，我们被雇主踩在脚下；他们却高高在上，在他们美丽的别墅里享乐；他们的保险柜里装满了黄金，他们所拥有的每一分钱都是压榨我们得来的"这样的话。每当你想抱怨时，请好好想一想，是谁给了你就业的机会？是谁给了你建设家庭的可能？是谁让你得到了发展自己的可能？

用感恩的心对待工作，我们的内心会时刻充满快乐。在工作中持有一种态度，决定了我们是否快乐。有3个石匠在雕塑石像，同样都是石匠，同样在雕塑石像，如果你问他们："你在这里做什么？"他们中的一个人可能会说："我正在凿石头，凿完这个我就可以回家了。"在他眼里，工作永远只是谋生的手段，他永远不会体会到工作的快乐，从他嘴里最常吐出的一个字就是"累"。第二个人可能会说："你看到了吗，我正在做雕像。这份工作很辛苦，但是薪水还可以，能够养活我们全家，毕竟我有太太和4个孩子，他们需要温饱。"在这个人看来，工作永远是一个负担，他只是为了养家糊口，何来的快乐呢？第三个人说："我正在做一件艺术品。"看得出来，此人以工作为乐，所以我们能够体会到他内心的满足与自豪。

愉快的生活离不开勤奋地工作，我们应该感恩工作，用感恩的心去对待工作，它就会回报我们成功与快乐。

4. 由被动接受走向自动自发

20世纪70年代，美国经济出现了前所未有的大萧条。在这场经济大地震中，美国很多家公司倒闭关门了。然而，联邦快递公司却在这场灾难中幸存了下来。这是什么原因呢？

其实这场危机也对联邦公司产生了很大影响，使得公司一度陷入了危机，当时公司已经亏损了将近2930万美元，欠债4900万美元，可谓已经站在了悬崖边上，然而公司最终还是坚持了下来。这一切都要归功于联邦快递的员工们。当很多公司的员工都辞掉工作的时候，联邦快递公司的员工们却留了下来，他们要和公司一起渡过难关。

于是，他们用自己的手表作为抵押购买汽油，当执法官来查扣鹰式飞机时，他们竟然把飞机藏了起来。

公司老板弗雷德·史密斯感慨万分：如果没有员工们这种自我牺牲的精神，恐怕公司早已关门停业了。

让人奇怪的是，为什么员工们竟然那么愿意做出自我牺牲呢？答案很简单，是感恩。美国联邦快递公司的创始人兼总裁弗雷德·史密斯是一个特别受员工爱戴的老板。

在企业的管理工作中，史密斯一直秉承着“公平理念”的原则对待员工。他的经营哲学是“员工——服务——利润”，如此一来，员工的后顾之忧就被解决了，同时他们还可以分享公司成长的每一份收益。

公司规定，所有高级主管每星期要跟员工举行一次座谈会，每个月要随机抽选8位员工与自己共进早餐或午餐。这样的管理模式，使得员工感觉自己被视为公司的一分子，因此他们总是对公司充满了感恩之情。在这种感恩之情的驱使下，他们视公司为自己的家，只要公司有什么事，他们都会自动自发、尽心尽力地为公司服务。

在联邦快递公司创业的初期，由于资金缺乏，竟然连工资都无法发出，员工们不仅没有一丝抱怨，还是一如既往、全心全意地做着自己的工作。

后来，美国爆发了铁路联运工人大罢工，那时联邦快递公司一度挤满了80万件额外的包装件。如此庞大的货运量，按照正常的工作速度是根本完不成的，为了确保公司的服务质量，数千名员工自愿在晚上12点之前到仓库清理货物。曾经当过军人的老板激动得无以言表，只能以一个标准的军礼表达感激之情。

反省一下我们自己，我们是否也像联邦快递公司的员工那样对自己的工作充满感恩呢？只要我们对工作心怀感恩，我们就会自动自发地做好自己的工作，为公司做出应有的贡献。

一个公司想要走向辉煌，一个员工想要取得成功，就必须要有这种高度自觉、自动自发的精神。而这种高度自觉、自动自发的精神却是和感恩息息相关的，就像是病人，如果他感觉不到疼痛，就不会痛苦地呻吟一样。

心怀感恩，就会主动做事，就会想公司之所想、急公司之所急。

是的，工作与温馨的亲情、美丽的爱情一样，是上天对我们的恩典。工作对于每个人来说，都具有极其重要的价值与意义。我们从工作中所获得的一切、所享受到的一切，都不是平白无故的，而是许多人共同创造、奉献给我们的，这其中便包括我们的老板。老板给了我们一个机会，给了我们一个平台，为我们提供了工作环境、办公设备和各种福利，使我们成就了自己的事业与梦想，也实现了自己的人生价值。

我们选择了一份工作，就要懂得感恩。强烈的感恩心能唤起一个人的良知，也能激发一个人的潜能，因此，我们应该感恩工作，当我们拿着用薪水买来的礼物孝敬父母的时候，我们想到感恩工作；周末，当我们悠闲地带着孩子游玩散心的时候，我们应该想到对企业的感激、对工作的感激；节假日，当我们开怀畅饮，我们应该感激工作带给我们的乐趣和兴奋；当我们在企业给予的创业平台上获得了荣耀、尊重、地位，实现了自身价值的时候，我们更应该想到对企业的感激、对工作的感恩。

感恩是一种力量，它可以激发我们体内的潜能，让我们能够以更加积极的态度去对待工作。请记住，懂得感恩，你就会自动自发地工作。

最近出现了一个新名词叫“职场癌症”，那么什么是“职场癌症”呢？一句话，就是员工对工作“不知感恩”。他们总是抱怨公司不给自己升职的机会，抱怨工作单调、乏味，抱怨工作任务重，可他们根本不去做一下自我反思。他们生存在这个世界上，享受着大自然赐予的阳光雨露，享受着公司给予他们的发展平台……可他们却把这一切都看成是理所当然。他们更没有想过，自己应该为这一切付出什么。不懂感恩的人，注定无法成为公司重点培养的对象，他们只会成为过客，因为他们冷漠，因为他们没有真正投入激情，因为他们时常不在状态。不懂感恩的人，他们的存在价值也会大打折扣。

谁会相信一个贪婪、矫情、缺乏爱心、缺乏责任、缺乏工作热情的员工能够为公司创造价值呢？一个下属不懂得感恩，是不值得领导提携的下属；一个员工不懂得感恩，是不值得老板重用的员工。

“一生一世，都是恩惠”。能拥有一份工作、有一个可供发挥的舞台，就要懂得惜福、感恩。从现在开始，每天抽出一点时间，为自己目前所拥有的一切感恩，为自己的工作而感谢上司，真诚地为身边的每一个人祝福。

5. 感恩、敬业是一种竞争力

在《致加西亚的信》这本书里，有这么一段话：“每个商店和工厂都有一个持续的整顿过程，雇主会经常送走那些显然无法对公司有所贡献的员工，同时也吸引新的员工进来。不论业务多么繁忙，这种整顿会一直进行下去。只有在公司不景气、就业机会不多的情况下，整顿才会出现较佳的成效——那些不懂得感恩、缺乏敬业精神的人，都被拒绝在就业的大门之外，只有那些懂得感恩、能够敬业的人才会被留下来。”

毋庸置疑，任何一个老板都喜欢懂得感恩、乐于敬业的员工，而缺失感恩心态、毫无敬业精神的员工无疑会被老板认为是定时炸弹。

世界第一首席执行官杰克·韦尔奇把他的员工分为A、B、C三类。A类员工指的是那些感恩敬业、激情满怀、富有远见的员工，这些人不仅自己时刻充满活力，而且还会影响周围的人；B类员工则指的是公司的大部分员工，这些人是公司的主体，是业务经营成败的关键；C类员工指的就是那些不能胜任自己工作、对工作毫无感恩之情的员工，他们做事的时候通常都没有激情。对于这样的员工，韦尔奇坦言，绝不能在他们身上浪费时间，我们只需把他们扫地出门即可。

很多老板都认为，失去A类员工是一种罪过。一定要热爱他们、拥抱他们，切不可失去他们。

员工只有懂得感恩，才会乐于敬业，才能算得上是一个最优秀的员工。感恩、敬业的员工不怕付出，对于他们来说，付出并不意味着失去，相反还有可能得到更多。其实，得到或得不到，他们并不在意，感恩与敬业是他们的一种优秀品质而已。这样的员工，才是企业最需要的人。

因为感恩，所以敬业，如何做到敬业呢？敬业的员工往往都富有开拓和创新精神，他们会竭尽全力完成公司交给的任务。

郭涛是一家公司的业务员，他已经在公司工作5年了。在这5年里，郭涛给老板和同事都留下了良好的印象。因为他对工作一直都持有一种感恩的态度，所以他是全公司里最敬业的人。

一次，公司想要开拓南方市场，可是派出去的负责人一个个都业绩平平，这让公司老板感到很不满意。如果不能在短时间内确立公司的市场地位，那么不出一年，其他公司就会见缝插针。后来老板决定让郭涛前去试试。

郭涛心想，既然老板把这个重任交给了自己，就是对自己的信任，所以无论如何也不能让老板失望。可到底该怎么做呢？经过一番深思熟虑后，郭涛决定找一家实力雄厚的代理公司为突破口，进而彻底打开销售局面。于是他很快在候选公司中找到了一个实力最雄厚的公司，起初这家公司的老板并没有合作的意图，但禁不住郭涛再三地劝说，老板同意先试销一段时间。这可把郭涛乐坏了，他当即决定立即取消削价销售，并在当地报纸上扩大宣传力度。

为了开个好头，郭涛带领两名得力干将亲自上阵了。当天中午，代理公司就发来了好消息，产品已经售出了20台，仅仅不到一个月的时间，竟然卖出了800多台。就这样，公司终于在郭涛的努力下打开了南方市场。

实际上，由敬业而生的最大能力来源于我们对工作的感恩态度，感恩之心不仅能激发我们最大的潜能，也是一种智慧的体现。

很多人总是整天唉声叹气、毫无斗志、满腹怨言。他们总认为自己倒霉，没有碰到好领导、没有找到好工作，工作辛苦且薪水只有一点点。可是如果没有一颗感恩的心，如果没有一点儿敬业精神，老板怎么愿意把机会给你呢？你又怎么能找到好工作呢？你的薪水又怎么高得起来呢？

心存感恩的人，会朝气蓬勃、豁达睿智、好运常在、远离烦恼。怀着一颗感恩的心来面对工作，你就会干劲十足，并且能够体会到工作中的无限快乐。也许，你现在的工作不是你最喜欢的，即便如此，你也应该感谢这份你不喜欢的工作带给你的体验和锻炼，是它，为你奠定了向终极目标前行的基础。明白这些后，你就会为你所拥有的一切而感恩，无论春花、秋月，还是夏日、冬雪，四季的美丽在于它自然流逝，而这些曾经的磨砺和现在的拥有都是弥足珍贵的，你都该感激不已。

感恩不纯粹是一种心理安慰，也不是对现实的逃避，而是具有敬业精神的员工所拥有的最高的“职场智慧”。它无时无刻不在提醒我们：对自己现在所拥有的一切事物要倍加珍惜与爱护。

6. 强大多来自挫折之后

马克今年60岁了，他是美国佛罗里达州的一个农民。前不久，他用自己所有的积蓄买了一片农场，可是后来他发现自己被人骗了。

原来，这片农场的土质十分糟糕，既不能种果树，也不能养猪，唯一能在这里生长的就是白杨树和响尾蛇。这可怎么办呢？难道就眼睁睁地看着这片农场荒废掉吗？

经过一番思索之后，马克想出了好主意，他想把这块糟糕的农场充分利用起来。首先需要解决的问题就是那些可怕的响尾蛇。他是怎么解决的呢？当时很多朋友都被他的做法吓坏了——他想用那些响尾蛇做罐头！虽然很多人都反对他这么做，但马克却已经下定了决心。

没想到，马克果然把生意做成了，短短几年的时间，来他农场参观的人多达几万人。至于响尾蛇的毒汁，马克会卖给各大药厂做蛇毒的血清，而响尾蛇的皮则卖给厂商做鞋子和皮包。人们都十分惊叹于马克的独到眼光。后来，人们竟然把村子的名字改成了响尾蛇村。

马克经常对人们说："生命中最重要的一件事情，就是不要拿你的收入当资本，任何人都会这样做。真正重要的是要从你的损失中获利，要从挫折中奋进，感恩那些挫折，它会让我们变得更聪明、更强大。"

对工作给我们制造的挫折心怀感激，并不仅仅有利于公司和老板。

其实，“感激能带来更多值得感激的事情”。因为感恩，我们会努力工作，因为努力工作，我们就会获得比别人更多的机会，而机会是我们走向成功的关键。

济科，一个连自己的名字都不会写的人，却在一所中学当了几十年的校工。虽然他的工资是所有员工当中最少的，但他却已经很满足了。然而，就在他即将退休时，新上任的校长把他辞退了，理由是他“连字都不认识”。

济科就这样带着沮丧离开了校园。未来的路对于他来说是一片见不到光的黑暗。一天晚上，济科出门去买自己喜欢吃的香肠，可是当他走到食品店时，发现食品店已经停止营业了。济科又走了几条街，可是竟然没有看见一家卖香肠的店铺。忽然，在他脑海里闪过了一个念头：我何不开一家专卖香肠的小店呢？于是，他用自己仅有的一点儿积蓄盘了一家店，做起了卖香肠的生意。

虽然济科不会写字，但他的头脑却相当灵活。渐渐地，他的生意开始火爆起来。几年之后，济科摇身一变，成了一家熟食加工公司的总裁，那时他的香肠连锁店已经开到全国各地，他成了当地最有名的企业家。

一次，济科在一家酒店碰到了当年把他辞退的校长，校长握着他的手，连连称赞道：“济科先生，您没有受过正规的学校教育，却拥有如此成功的事业，实在是太不可思议了。”

济科微微一笑，说：“真感谢您当初辞退了我，让我感受到了挫折，如果没有那次挫折，我也许现在都不知道我竟然能做很多事。”

正如济科一样，任何一个成功的人都是从困境中走出来的。挫折可以锻炼一个人的品格，也可以激发一个人向上发展的勇气和潜力，所以，我们应该感谢工作带给我们的挫折，没有它，也许我们一生都会与成功无缘。

感恩是一种心态、一种品质、一种艺术。

感恩工作给你的挫折是一种积极乐观的表现。美国心理学家杰弗·P.戴维森认为："积极的心态源于对工作和学习的乐观精神，凡事不要想得太悲观、太绝望，否则你眼中的世界将是一片灰暗、一片混沌，工作起来自然也就打不起精神。"

松下幸之助曾在他的《松下静思录》中这样写道："有人常对我说：'你肯定遭受过很多挫折吧？'事实上，我确实遭受了很多，但并不为此感到痛苦，相反我必须感谢那些挫折。当年我在大阪码头当学徒时，寒冷的早上，手几乎要冻僵，仍要用冷水擦洗门窗，一旦做错事就会被老板打骂，为此我曾偷偷地哭过很多次。但转念一想，'吃苦就是为了自己的将来'，于是，痛苦立刻变成了我努力工作的动力。那些挫折让我变得更加坚强、更加乐观了。哪怕后来我的工厂陷入困境时，我也没叹过一声气，反而认为公司不景气正是改善公司体制的好机会。"

身在职场，任何人都会不可避免地遭遇工作上的挫折，然而既然无法避免，我们何不用积极的心态去对待它们呢？我们何不感谢它们呢？作为一名员工，如果你能以感恩和乐观的心态对待工作中的挫折，你就能出色地完成工作，为自己创造更多的发展空间和机会，最终所获得的也不仅仅是物质上的奖励，更多的则是一种自我价值的体现。

第四章

致敬伙伴：并肩作战的机会并非人人都有

> 很多成功人士之所以能够取得成功，大多都是因为他们拥有并肩作战的伙伴，这些伙伴是同事，是队友，是共同努力的奋斗者，这些伙伴为他们提供了机会和条件，与他们共同进退。所以，我们经常会听到某某成功人士对曾经帮助过自己、陪伴过自己开创事业的人表达感恩之情。

1. 感恩伙伴与你相携相助

当今社会是一个讲究团队合作的社会，以前那个单打独斗的时代已经一去不复返了。如今，人类的发展既面临着难得的机遇，也面临着严峻的挑战，要想在这个社会上立于不败之地，我们就要相信团队的力量。是工作中的伙伴给了我们大力的支持和帮助，使得我们能够圆满地完成任务，走向成功。

无言不酬，无德不报；投我以桃，报之以李。面对工作伙伴的真诚，我们应真诚地感恩。感恩他们的教育、关爱、启迪，丰富了我们的阅历，教会了我们本领，提升了我们的智慧。怀着一颗感恩之心对待伙伴，我们工作的心情、态度和效果会大不一样，工作环境会融洽，合作会愉快，个人的成长进步就有更坚实的群众基础。

常怀感恩就会对伙伴关爱相助，就会对组织负责、对工作负责，珍惜工作机会，勤勉尽责地做事，携手共进。如果把人生比作花，那么关心、服务他人的快乐便是在酝酿人生之蜜。如果说人生是杯水，那么要想得到活水，就需要不断地将自己的一半施予别人，待水满了，再施一半，只有这样才会有不断的清流。

然而，知易行难，很多人并没有意识到伙伴的作用，他们总是认为自己之所以取得成功，完全是靠自己的能力，和别人没有多大关系。所以对于别人的帮助，他们从来都是睁一只眼，闭一只眼，或者干脆视而不见、听而不闻。

其实，工作中的伙伴是最值得我们感谢，也是最值得我们珍惜的，如果伤害了他们，他们就会离我们远去。成功之道，当是秉持感恩之心，走合作共赢之路。感恩的心是合作的捷径，也是共赢的催化剂。

很多人从小就喜欢孤胆英雄，幻想去做些惊天动地、快意恩仇及冒险的事，然而这样的人只有在虚构的武侠小说里才有，现实社会中是根本不存在的。

如今这个年代，根本不是孤胆英雄的天下。强烈的个人色彩非但不能独占鳌头，反而会让我们离心离德。所以我们要感谢工作中的伙伴，要相信团结就是力量。

也许有人会问：合作就一定会共赢吗？我们必须诚实地回答：不一定。合作的结果可能是共赢，也可能是一赢一输，甚至是双输，但是我们必须要认识到，取得共赢的唯一途径是合作，否则，我们连“赢”的机会都没有。

然而，在物质至上的今天，似乎已经很少有东西能够感动我们的心灵了。很多人凡事都以自我为中心，遇到比自己职位低的人就轻视人家，这样的人怎么可能会得到别人的帮助呢？一个不懂感恩的人，一个视别人的帮助为草芥的人，我们如何与他们共事呢？

成就一番事业是多少人梦寐以求的事，但是获得成功岂是那么容易的事？没有伙伴的伸手相助，没有伙伴的安慰、鼓励，光凭自己的一个脑袋、一双手，我们又能走多远呢？

俗话说："得道者多助，失道者寡助。"何谓得道？怀有一颗感恩的心便是得道。当别人给了我们帮助时，要记得向他们说声谢谢；当我们享受成功的喜悦时，不要忘记那些曾经支持和鼓励我们的伙伴们。当他们知道我们没有把他们忘记时，他们该有多么开心呢？同时他们也会认为一个懂得感恩的人是值得帮助的，日后你再有需要时，他们仍然会向你伸出援手。

2. 感恩伙伴与你共赴风雨

我国有句古话叫：一个篱笆三个桩，一个好汉三个帮。这句话的意思是说：想要做好一件事，光靠一个人的努力是不行的，只有靠众人的力量才能完成。

这对于身在职场的每一个人来说都是一个启示。任何一个人，不论他的个人能力有多强，他都无法仅凭一己之力完成工作任务。当今社会是一个讲究团队合作的社会，任何一个想要单打独斗的人都很难取得成功。

对于一个企业来说，想要永远一帆风顺是很难的，而对于一个员工来说，在接受一项任务后，也会遇到各种各样的困难和麻烦。此时就需要有团队的支持和鼓励，才能完美地完成任务，所以，我们要感谢和我们一起打拼的伙伴。我们要明白，我们的成功其实是一个团队的成功。

然而让人遗憾的是，很多人却并没有这个想法。他们认为自己有足够的能力承担一份任务，自己有能力摆平所有问题。殊不知，当真正和各种问题相遇时，他们就成了无头苍蝇，四处乱窜。

我们总是会对父母、对朋友充满感激之情，而对于和我们一起风雨同舟的工作伙伴却从没有说过一声谢谢。其实，我们之所以能够得以施展自己的才华，很多时候工作伙伴就是我们得以发光发热的源泉。因为他们的风雨同舟，我们才能发挥出更多的智慧和更大的力量。

有这样一个寓言：狮子的力量大，而野驴的速度快，狮子和野驴便合作一起狩猎。抓到猎物之后，狮子把猎物分成3份，说："因为我是百兽之王，所以要第一份；我帮你狩猎，所以我要第二份；如果你还不快逃走，第三份就会成为使你丧命的原因。"

这个寓言告诉我们：我们在取得成功时，不要忘了感谢和我们一起并肩作战的团队。没有他们的全力支持，我们是很难获得成功的。狮子的行为是愚蠢的，一个不懂得感恩团队的人，总有一天会众叛亲离，落得个孤家寡人、形单影只的下场。如果我们不能获得伙伴的鼎力相助，我们有何资格谈成功、谈理想呢?

为何李嘉诚能成为商业巨富，因为李嘉诚懂得感恩合作伙伴，因为他在建立自己商业帝国的同时组建了一支无坚不摧的团队，这值得我们大多数人学习，要想成功应具备一颗感恩伙伴的心。

在美丽的海岸线上，有几只螃蟹从海里游到了岸边，其中一只也许是想到岸上接触一下海水以外的世界，于是它努力地往堤岸上爬。可无论它怎样努力，也始终爬不到岸上。不是因为这只螃蟹选择的路线不对，也不是因为它行动迟缓，而是它的同伴们不允许它爬上去。每当那只螃蟹爬离水面，就要上岸的时候，其他的螃蟹就会拖住它的后腿，把它重新拖到海里。

在南美洲的草原上，山坡上的草丛突然起火。无数只蚂蚁被熊熊大火包围住了，大火的包围圈越来越小，蚂蚁无处可退、无路可走。就在这时，出现了令人惊叹的一幕：蚂蚁们迅速聚拢起来，紧紧地抱成一团，很快就滚成一个黑乎乎的大蚁球，蚁球滚动着冲向火海。在噼里啪啦的响声中，大蚁球滚去了火海，一些居于火球外围的蚂蚁被烧死了，但更多的蚂蚁却绝处逢生。

这是两个发生在自然界的真实现象。我们可以据此描绘出两种心理：一，害人终害己。螃蟹团队毫无感恩可言，相互拖后腿、相互提防，甚至相互憎恶，于是冤冤相报，最终一事无成。二，舍身终取义。蚂蚁是一个懂得感恩的团队，勇于牺牲小我，危难之际奋勇向前，所以生生不息。

忌妒心、“红眼病”和一己之私也会促使人与人之间相互“拖后腿”。有人惧怕竞争，甚至憎恨竞争，不能容忍别人比自己强，否则即会拆台阶、下绊子，极尽倾轧之能事，目的只有一个：我得不到的，别人也别想得到。于是，就会有那么多的发明创造胎死腹中，就会有那么多贤能默默无闻，就会有那么多千里马抑郁而终……其实人外有人，天外有天，谁能成为天下第一呢？

而蚂蚁“抱成团”却获得了新生。没有这一抱，所有蚂蚁必将葬身火海；而有了这一抱，凝聚的力量足以与命运抗争，足以使它们的群体得以延续。如果我们也能如此感恩自己的团队，弘扬“蚂蚁团队”的精神，还有什么艰难险阻不能克服？做大做强，将是水到渠成的事。

请记住：没有完美的个人，只有完美的团队。当我们手捧鲜花在享受万般荣耀之时，请一定要感恩那些曾经跟我们共赴风雨的伙伴。

3.感恩伙伴与你一同努力

经常有人会信心满满地说“我要做一番大事业”这样的豪言壮语，然而光凭一己之力，真的能成就一番大事业吗？不能。古今中外，凡是那些成就了一番大事业的人，都不是仅凭一己之力获得成功的，而是靠着他们背后的那个强大的团队。对于身处职场的我们来说，这个道理也同样适用。一份工作的完成、一项任务的结束，其实都不是仅凭某个人的努力，而是整个团队的努力，所以，我们永远不要忘了那些和我们并肩作战的伙伴。

一次，松下幸之助去美国访问，一个记者问他：“您认为美国人和日本人哪个更优秀？”松下幸之助笑了笑说：“美国人确实很优秀，假如一个日本人和一个美国人比试的话，日本人一定不如美国人。”旁边的美国人听后乐得合不拢嘴。这时，松下幸之助又补充了一句：“假如10个日本人和10个美国人比的话，肯定势均力敌；而假如100个日本人和100个美国人较量的话，我相信日本人会略胜一筹。”这时，旁边的美国人怎么也笑不出来了。

可以看得出来，松下幸之助是一个强调团队合作的人。在他看来，打天下靠的绝不是一个人，而是一群人。

一个名叫琳达的女孩到麦肯锡公司应聘。一看她的履历表，就知道她是一个能力十分突出的人。正因为如此，她过五关斩六将，杀进了面试。

参加面试的共有6个人，人事经理要求他们共同回答问题。结果伶牙俐齿的琳达每次都是第一个发言，丝毫不给其他人说话的机会。面试结束了，琳达对自己的表现胸有成竹。然而当结果出来时，她却惊呆了，她没被录用。人事经理认为，琳达的个人能力确实无可挑剔，但她缺乏团队合作的意识，对于这样的人，公司是不予考虑的。

作为世界著名的咨询公司，麦肯锡一直以来都秉持一种独特的管理理念：懂得感恩。也就是说，身为麦肯锡的每一个员工都要懂得感恩。因为任何一项工作的完成都是团队共同协作的结果，任何一个人都不能居功自傲，而是要懂得感谢和自己一同努力的同事。

很明显，故事中的琳达是一个以自我为中心的人，这样的人怎么能和其他同事友好合作呢？又怎会懂得感恩别人呢？

在麦肯锡，任何一个人都不会独自从事一项任务，公司的每一件事情都是以团队的方式来进行的，从一线的客户项目工作一直到公司的决策制定都是如此。所以公司要求员工要懂得感恩。

在20世纪90年代初期，麦肯锡超级团队的成员决定共同讨论一下他们的工作，公司总部竟然没有一间足以容下他们的屋子，所以他们不得不订了新泽西的一家宾馆。这就是麦肯锡的团队精神。如果你在某个地方看到几个身穿制服的人聚在一起有说有笑，气氛融洽，不用怀疑，他们一定是麦肯锡的员工，因为他们懂得感恩，所以每一个员工之间都十分友好，而这种友好的氛围又可以促使他们更加积极努力地工作。

不要总认为自己能力强、经验丰富、学历高，想要成就一番事业，靠的不是一个人的单打独斗，而是大家的共同努力。

4. 感恩伙伴与你团结协作

明太祖朱元璋少年时家境困苦，不得已的情况下进了寺院，以求混口饭吃。然而因为一个人的出现，从此改变了他的命运。

朱元璋小时候的一个玩伴叫汤和，一日，朱元璋正在扫院子，结果收到了汤和的来信。

此时的汤和已经投了红巾军，并且做了一个小官儿。由于朱元璋小时候就是孩子王，汤和知道朱元璋很有能力，所以特地来信劝朱元璋“速从军，共成大业”。于是，朱元璋投奔了郭子兴的部队，从此开始了他称王称帝的人生之路。

在军队中，朱元璋因为英勇善战受到了大将郭子兴的重用。郭子兴对朱元璋委以重任，派他回老家安徽招兵买马。结果朱元璋圆满地完成了任务，带着700多人回到了军中，郭子兴十分高兴，升他做了镇抚。后来，朱元璋与郭子兴失和之后，带领24名部下离开了郭子兴的部队。在这24个人之中，其中有一半为朱元璋日后统一天下立下了汗马功劳。

郭子兴死后，朱元璋接收了他的军队。1356年3月，朱元璋挥军攻克集庆（今南京），改集庆为应天府，以此为中心建立根据地，命将士四出，攻城略地。此时儒士朱升又为他定下了“高筑墙，广积粮，缓称王”的策略，使得朱元璋的实力开始逐步壮大起来。

而此时，武将徐达、常遇春、汤和等人在战场上为他冲锋陷阵、出生入死。文将朱升、李善长、刘伯温等人则为他运筹帷幄、出谋划策。正是在这些人的帮助下，朱元璋一统天下的大局形成了。

我们不难想象，如果朱元璋没有遇到这些肯为他两肋插刀、出生入死的大将，朱元璋也就只能是个普普通通的和尚。身处职场中的我们又何尝不是如此呢？如果我们没有团队的帮助，我们能圆满地完成任务吗？如果没有团队的合作，我们能获得成功吗？所以，我们要感谢那些给过我们帮助的同事，没有他们，也许我们会被任务急得像热锅上的蚂蚁；没有他们，也许我们就不会在失意中勇敢地站起来。

一个具有战斗力的公司，往往都有着明确的分工，各个工作岗位上的员工都要各司其职、共同合作才能完成任务。然而每个人的自身条件是不一样的，各有所长、各有所短，这就需要团队成员互相配合、团结合作。所以它需要每个人都将自己放到团队之中，依靠彼此的配合来发挥出个人擅长的一面，而将自己所短的一面托付于同伴，正因为如此，艰巨的任务才得以完成。

不要把自己想象得过于强大，事实上，每个人都是有局限的，要想成就一番事业，没有同事的帮助是不可能的。请感谢你的同事，感谢你的团队，正是团队的优势填补了你的缺陷，正是有他们的倾力协作，你才能有获取成功的可能。从这个意义上说，个人的成功一半是属于团队的，成就自己的伟大事业，不依赖同事的协作优势是不可想象的。难道我们不该感谢我们的同事吗？

第五章

庆幸知遇：千里马常有，而伯乐难寻

工作是我们生活中最重要的事，我们的一生大概有 2/3 的时间都在工作中度过，换句话说，我们几乎有 2/3 的时间都在和领导打交道。其实，若说谁对我们的影响最大，领导绝对算是影响最大的一个。古时候，人们常把发现、提携人才的人称为伯乐，千里马常有，而伯乐难寻。

1. 将工作视为馈赠

没有人不渴望被领导重用，然而又有多少人对领导重用自己而心怀感恩了呢？

对于任何一个员工来说，领导的重用使自己的成长如虎添翼，有才能的人只有受到领导的重用，才有发挥自己才能的平台，否则只能是备受怀才不遇之苦。

在我们的职场生涯中，能遇到一位能够重用我们的领导是我们的幸运，我们应该感谢这样的领导。

1997年，毕业于清华大学的延俊华来到深圳，成为了华为公司的一名员工。延俊华是一个很有思想和头脑的人，加上他那种初生牛犊不怕虎的劲头，在刚进入公司没多久，他就进行了一次私下里的市场调研，然后做了一份详细的调查报告上交给了华为的老总任正非。在这份调查报告里，延俊华提出了很多华为当时存在的问题以及他自己对公司未来发展的一些建议。延俊华本以为总裁很可能没有时间看自己的报告，所以也没有抱太大的希望。

不曾想，总裁任正非不仅读了，而且还看得十分认真。看完之后，任正非掩饰不住激动的心情对身旁的人说："这个小伙子是一个会思考并热爱华为的人。"于是，当即就把延俊华提升为部门副经理。

一个刚刚毕业的大学生所写的东西，如果换成是其他任何一个老总，可能不会把它当回事儿，然而任正非并没有这样做。他之所以要提拔延俊华，就是因为他看到了延俊华身上的潜力和才华。他是一个有名的识才惜才的领导，这么一个具有才能的人怎么能被埋没呢？延俊华得到了老板的重用，这对于一个刚从大学毕业的大学生来说是一件多么幸运的事，这意味着他有了发挥自己能力的平台，而这个平台对于渴望成就一番事业的延俊华来说是多么的宝贵。

时隔多年，延俊华仍然不忘当初任总的重用之恩，每当跟朋友说起这件事时，他都会满怀深情地说："如果没有任总的重用，就不会有我的今天。"

原IBM中国公司华南分公司总经理、微软（中国）公司总经理和TCL信息产业集团总裁吴士宏是一个被很多人崇拜的人，她的传奇经历让很多人感慨不已。

她从一个名不见经传的医院小护士成长为国际跨国企业的著名职业经理人，从一个普通得不能再普通的员工成为风光一时的高级白领和新闻热点人物。对于这样传奇的经历，很多人感慨不已。为什么吴士宏能够成就这个传奇呢？原因就是她遇到了能够重用她的领导。是领导的慧眼识珠、大胆重用，使得吴士宏成为商界传奇。

对于领导的这份重用之恩，吴士宏一直铭记在心。在IBM的最初几年里，吴士宏做的都是打杂的工作。每天她都是做一些烦琐、单调的工作，然而，她并没有因此而有丝毫懈怠。无论多么辛苦，她总是尽力把每一件事做好。

对于吴士宏的努力，IBM公司的全体人员都看在眼里，公司高层认为这位中国女士可以被委以重任，就这样，公司最终决定让吴士宏担任中国公司华南地区的销售总监，从此为吴士宏充满传奇的职场生涯拉开了序幕。IBM之所以这样做，其实是因为它一直以来的管理策略就是大力重用有发展前途的员工，然后把他们安置在最能体现他们能力的工作岗位上。对此，吴士宏感慨颇深："我在IBM的那几年学到了很多东西，如果不是我的经理发现我、培养我，我恐怕是没有机会获得机会并且走向成功的。"

是的，正像吴士宏所说，是领导的重用使我们少走了许多弯路，是领导的重用使我们的眼界变得更加开阔，是领导的重用使我们增强了自信，是领导的重用使我们有机会发挥自己的能力。为此，我们唯有对领导深怀感恩，才能无愧于心。我们要感谢领导的栽培，感谢领导的雅量，甚至是领导的训斥，是他们给了我们翱翔蓝天的自由。

然而，感恩领导光凭嘴说是没有任何意义的，我们应该用自己的实际行动来报答他们，我们要把自己看成是和公司同进同退的一员，我们要为领导着想，要主动为领导分担重任，并且尽心尽力完成领导交给的任务。

正如某著名企业家所说：“感恩领导的重用是我们的良心所在，因为没有他们，我们就不会成长。”

2. 公司提供了施展能力的平台

几年前，一个专门研究人体潜能的科学家发表了一篇论文，里边提道：任何一个人的身上都存在着至少一种惊人的潜力，如果这种潜力被充分发掘出来，那么这个人就能取得杰出的成就。但世界上大多数人终其一生都没被发掘，所以世界上才会有那么多平庸的人。

也许你会怀疑这个研究的正确性，然而，作为一个具有能动性的个人，我们起码可以通过一定的途径或者某种平台来发展自己的能力和特长。毋庸置疑，如今这个科技高速发展的社会，产业变得多种多样，这为每一个人提供了广阔的发展空间，它使得我们能够有更多的机会，通过各种途径来探究自身的能量，而公司作为一个独立组织的存在为我们提供了一个便利通道。

杜涛是联想集团全球选件项目开发管理的经理。一次，他被某大学邀请进行一次演讲。在他的演讲辞里有这样一句话：“联想为我提供了一个从学生到职业人的转换平台，成为我个人事业上的第一个里程碑，这是联想给予我的第一个惊喜，为此我十分感激。”

杜涛硕士毕业后便加入了联想集团。和其他人比起来，杜涛是幸运的，因为联想给了他施展自己抱负的机会。自从进入公司那天起，杜涛的职业生涯就在稳步地发展。公司为了给杜涛更多施展自己的机会，先后让他参加了HR校园加速计划、导师制度、E-learning等一系列培训项目。在这些项目的培养下，杜涛学到了很多在学校里没有学到的东西。从此，他由刚入门时的一名助理工程师成为一位全权负责全球选件项目开发管理工作的经理。不久，公司又把杜涛派往美国进行培训，目的是要进一步锻炼他，使他能够更加游刃有余地胜任他的工作。

提到自己的经历，杜涛说：“我感谢联想包容的企业文化和它对我的发掘。”

对于很多有能力的人来说，没有一个能够展示自己的平台其实是一件非常遗憾的事，而公司能够为我们提供一个发挥自己的平台，能够让我们有机会锻造自己、磨炼自己，可以说这是我们的荣幸。倘若没有公司的培养，没有公司为我们搭建的平台，我们恐怕只能碌碌无为地度过一生。当我们的公司为我们提供了广阔的发展平台时，我们在高兴之余不要忘了感恩，因为正是有了这个平台，我们才得以向成功招手。

3. 以老板的心态要求自己

很多事业有成的人在讲述自己的成功经历时，总是会反复强调自己的努力，总会说自己有多么不容易，似乎给人的感觉是他从来都是一个单打独斗的人。然而，事实真的如此吗？试想一下，如果没有公司为他提供的平台，如果没有老板的赏识和提拔，他就算有再强的能力也会英雄无用武之地。因此，我们应该感谢在我们的职业生涯里给了我们发展机会的老板，是他给了我们施展能力的平台。

现在有很多人总认为自己了不起，而把老板的提携、栽培视为理所当然，或者是在遇到不公平的待遇时抱怨老板冷酷无情、唯利是图、不讲情面，丝毫没有一点儿感恩之情。这样的人，在职场上是很难做出一番事业来的，因为没有哪一个老板喜欢忘恩负义的员工。

所谓“一粥一饭，当思来之不易；一丝一缕，应知物力维艰”。我们因为有了工作而得以养家糊口，因为有了工作而能够拥有进一步发展的机会，这些如果不是老板的给予，我们怎么能拥有呢？不要把老板和员工之间的关系对立起来，从商业的角度来讲，这是一种合作共赢的关系。

那么，我们该如何表达我们的感激之情呢？我们不妨试着为老板着想吧。

为老板着想就是要主动找事做，要学会为老板分担责任，并且尽力把老板交给你的任务做好。要学会站在老板的角度考虑问题，树立自己的主人翁意识，以老板的态度来对待公司。

英特尔总裁安迪·葛洛夫曾在一次演讲中说过：“学会感谢你的老板，不管你在哪里工作，都不要把自己只是当成员工，应该把公司看成是自己开的一样。”

很多人认为，公司是老板的，我只是一个打工的，就算我做得再多，最终获益的也只有老板，根本没有我的份儿，我又何苦那么费心费力呢？于是他们天天踩着钟点来，踩着钟点走，一分钟都不想在公司多待，骨子里永远把自己和老板对立起来。经常会听到员工抱怨自己的老板苛刻、小气、不善解人意，似乎老板在他们心里就是一个不可理喻的人。其实，这种心态不但对公司不好，对自己也是不利的。

一个成功的经理人曾说：“我们总是忘记感谢老板，可是没有老板的培养，我们是无法走向成功的。”

每一个老板都希望，当自己不在的时候，公司的员工能够一如既往地努力工作，能认认真真地做好自己的分内之事，能够时时刻刻维护公司的形象和利益。然而有几个人真正做到了呢？大多数人都是抱着混日子的心态对待工作，得过且过就是他们的座右铭，很少有人会真正把公司的事情当作自己的事情。这一切都是忘恩的表现。

一个真正心怀感恩的员工是什么样子的呢？他们会永远把自己看成是公司的一部分，他们会永远充满热情、积极主动地完成任务，他们会永远理解老板的苦衷。

很多人都抱怨老板不给自己机会、不重视自己。试想一下，老板怎么能放心把一项重要的任务交给一个整天只知道敷衍了事的人呢？

其实，感谢老板、为老板着想，不仅对公司有利，对我们自己也十分有利。因为一个懂得感恩并为老板着想的人从来都是老板的最爱，而对于自己喜欢的员工，老板是不会亏待的，他可能会给你加薪，也可能会对你委以重任。如此一来，机会就会一个接一个和我们相遇，很多时候，机会就意味着成功。

不要说“那不是我的工作”、“我不负责这方面的事情”这种推诿的话，这会让老板寒心，也会给我们自己抹黑。谁会愿意和一个忘恩负义的人共事呢？

王珂毕业于某知名管理学院，毕业后，他来到了一家公司做总经理助理。说是助理，其实就是干一些杂活儿。

几年过去了，王珂从一个初出茅庐的毛头小伙成长为一家年盈利过百万元的公司老总。一次，当别人称赞他的能力非凡时，他谦虚地说：“其实，我要感谢我的第一个老板，虽然我只是每天打印些资料，但正因为此，才使我有机会接触公司的各种文件、资料，才使我了解了作为一个领导的管理思路；正是有了记录一场场的会议过程的经历，让我清楚了企业是如何经营、如何决策的。”

王珂之所以能够获得成功，是因为他有一颗懂得感恩的心。因为感谢老板，他才会加倍努力工作，因为努力工作，他才会受到老板的重视。可以说，老板正是他走向成功的推手。

如果你懂得感恩老板，你就会以老板的心态来要求自我，你就不会只以达到公司的目标为满足，反而会自我设定一个更高的目标来实现自我满足，这便是超越自我的前提。

总之，我们要学会感谢老板、为老板着想。从我做起，从现在做起，让我们想老板之所想、急老板之所急，把自己的满腔激情投入到自己的工作中。这才是最令老板欣慰的。

4. 遇到伯乐是你的福气

无论我们在行政机关，还是在事业单位；无论我们在国营企业，还是在私营企业，我们都会和领导紧密联系在一起。

不可否认，在我们每一个人的职业生涯中，领导都扮演着重要的角色。一位优秀的领导就是我们生命中的“伯乐”，遇到这样一位重要的“伯乐”是我们的福气。因为有这样的贵人相助，我们不仅能在职业成长的进程中大大加快前进的脚步，而且还会在人生路上多一位很好的指引者。

高猛是一位“海归”，回国之后，他在一家IT公司任职，是该公司数字芯片研发团队的成员之一。当年，他还没回国的时候，在互联网上给该公司发去一份自己的应聘材料。起初他只是抱着试试的心态，没想到，公司很快就回了信，更让他不可思议的是，几天后，公司人事部的人竟然亲自到他的老家——湖北武汉，要求面试他，并且没费什么周折就录用了他。他们说，像高猛这样的人才是公司目前最急需的。一句信任的话，让高猛热血沸腾；一座已经初步搭好的平台让高猛感到可以在该公司这个舞台上大显身手。

就这样，高猛便很快正式入职了，并加入了该公司的研发大本营，担当起了研发数字芯片的重任。研发工作是异常辛苦的，他和他的团队不知道熬了多少个不眠之夜，其中也有面红耳赤的争吵，甚至在项目最艰难的时候，高猛想到了放弃，而且公司里有些同事还在背后说三道四，这让高猛感觉到了前所未有的压力。因为高猛所在的项目组存在的价值就是做“信芯”，如果“信芯”开发不出来，一切都得重归于零。

就在高猛已经急得焦头烂额的时候，公司总裁找到了他。总裁对他说：“这个任务确实非常艰巨，对于任何一个人都是一个巨大的挑战，但越是困难我们就越要挺住，要对自己充满信心，怎么能说放弃就放弃呢？”总裁的一席话，让项目组的所有成员都感到了一丝温暖，他们感觉到了来自公司管理层的高度信任和支持；总裁的一席话，等于给他们注射了一支强心剂，使得他们的士气倍增。于是，高猛和他的团队立下了军令状，表示不达目的誓不罢休。他们开始寻找多种解决方案，建立了更加详细的讨论文档。3个月之后，他们终于获得了成功。

我们不妨想一想，如果不是总裁的“知遇”，力压群议、鼎力支持，高猛和他的团队怎么会有继续坚持下去的勇气和信心呢？那样他们就会永远抬不起头来，永远无法获得成功。

当我们的才能还没有被领导发现，还没有被领导“知遇”的时候，我们要摆正自己的心态，也许是因为我们自己做得还不够好，也许还没有真正发挥出自己的才能，但要相信自己是金子，终有发光的一天。当我们下一次被领导发现并且提拔的时候，我们要懂得感恩，因为没有领导的知遇，我们是不会有任何机会的。

是的，我们应该学会“感恩”，感谢领导给我们提供工作机会，感谢领导给我们施展自己才能的舞台，甚至要感谢领导让我们有了“生存的能力”。

领导的重用能使我们的成长如虎添翼，无数成功人士的经历告诉我们：光有才能是不够的，还需要有一个能够“知遇”的伯乐——领导。只有领导给了我们机会，我们才可以被重用，才可以将自己的才智充分发挥出来。同时，如果我们在工作中能遇到一位敢于和善于有效授权的领导，可以使我们在工作的实践中得到更多的锻炼和提高。

也许我们现在还只是一个小小的员工，但有一天，我们也有可能会成为一位领导。可以说，我们在成长过程中点点滴滴的感恩都可能会给我们带来实实在在的回报。

洛克菲勒曾说：“年轻时我为老板打工，一般人每天工作八九个小时，而我每天会工作16个小时。这除了对公司有好处外，我个人的收益更大，这样我就可以比别人多赢一些。”可见，只要努力总会有回报，只要感恩，我们就可以成为最大的赢家。

如果一个人有能力，那他会是一个有用的员工；如果一个人懂得感恩，那他会是一个优秀的员工；如果一个人既有能力又有感恩的心，那这个人一定会是一个独当一面的好手。

古语说得好：酒逢知己千杯少，话不投机半句多。我们的一生能够遇到一位知心朋友不是一件易事，同样，在我们的职业生涯中能够遇到一位懂得赏识我们的领导也十分不易。因为不易，所以我们更要懂得感恩。

5. 履行职责就是感恩

对于每一个员工来说，公司是我们赖以生存和发展的平台，它让我们有机会实现自我、提升自我，可以说，公司在我们的一生之中发挥着重大作用。为此，我们应该对公司怀有一颗感恩的心，我们要感谢公司对我们的大力培养，让我们从一个没有任何经验的职场新人变成了游刃有余的职场能手；我们要感谢公司对我们的磨炼，让我们坚定了意志、增强了信心。是公司为我们点亮了前进的明灯。

如果你不知道应该如何表达对公司的感恩之心的话，那就从做好自己的本职工作开始吧。要主动为公司分忧解难，要主动承担大任，要把感恩化为动力，向着美好的未来，拉着公司一起奔跑。

曾经有人做过这样的比喻：如果公司是一条船，那么员工就是船上的舵手，每一个员工的一举一动都会对公司产生巨大影响。员工积极努力、同心协力，公司就会朝着良好的方向发展；如果员工消极怠工、推脱责任，公司就会毫无战斗力，就会失去前进的动力。

也许有人会说，我的工作简单、职位卑微，根本不会对公司产生影响，我又何必费心费力呢？这样的心态是不对的。要相信，公司中的每一个人都是非常重要的。如果把公司比作机器，那么员工就是组成机器的每一个零部件。即使你是一个看上去极不起眼的螺丝钉，你也是决定机器能否良好运转的一部分，如果你脱落了，机器就无法正常运转了。

也许有人会说，公司又不是我的，我只管赚钱，不管其他。这样的心态就更加消极了。试想一下，如果没有公司为你提供的工作职位，你如何能有机会赚到薪水呢？如果没有公司为你提供的机会，你如何能有机会展现自己的才华呢？很多人经常抱怨公司对自己不公平，丝毫没有一点感恩的意思。以如此的心态对待公司，还能指望这样的人能给公司带来利益吗？

只要我们读一读那些成功人士的故事，我们就会被他们的事迹所感动。为什么？因为他们每一个人都是一个感恩的人，因为懂得感恩，所以他们才会努力工作，才会竭尽全力贡献自己的力量，最终在拉着公司奔跑的过程中提升了自己、超越了自己、成就了自己。

经常听见有人信誓旦旦地说："我要成为一个职场上最优秀的强者，我要创办一家叱咤风云的企业。"可是，想要做到这一切，谈何容易？不要总是忌妒别人机会比你多，不要总是感觉自己怀才不遇，老板只会把机会交给那些懂得感恩、为公司着想的人。

宋国华是我国著名国企一汽集团的员工，他被认为是集团的卓越员工，公司上上下下都称他是拉着公司奔跑的人。

作为中国的老牌企业，多年来，一汽集团一直都在以稳健的速度发展着。步入新世纪，对于一汽集团来说也将面临巨大挑战，为了能够和国际接轨，公司在2000年正式启动了"一汽大财务管理信息系统"的项目，而宋国华就是这个项目的负责人。这是一个重大的科技项目，甚至可以说直接影响着公司的未来。

如此一个大任，对于当时的宋国华来说，在感到光荣的同时，压力也随之而来。"既然是公司交给的任务，无论压力再大，我也要把它拿下，我要用自己的实际行动来感谢公司多年来对我的培养和重用。"于是，肩挑重担的宋国华带领着所有项目组成员开始了长达3年的艰苦卓绝的奋斗。这期间，宋国华俨然成了一部工作机器，有时为了赶进度，连续几天没合一下眼。由于身体素质较弱，宋国华有几次因为劳累过度被送进了医院，然而，躺在病床上的他脑子里想的全都是跟项目有关的问题。皇天不负苦心人，经过3年的拼搏和奋斗，宋国华终于在2002年12月28日研发出了“一汽大财务管理信息系统”。那一刻，他流下了激动的泪水，他对领导说：“我终于可以交差了。”

是什么力量支持着宋国华圆满地完成了任务？是感恩。从他的身上，我们看到了感恩的力量。因为感恩，他把千斤重担挑在肩上；因为感恩，他不分昼夜地工作；因为感恩，使得他有了坚持下去的勇气和决心。这是他卓越的理由，也是他被委以重任的原因。

可以说，工作是公司给予员工的恩赐，没有公司，员工就没有工作机会。是的，羔羊跪乳、乌鸦反哺，动物尚且感恩，何况作为万物之灵的人类呢？

不要觉得感恩是溜须拍马和阿谀奉承。与迎合他人所表现出的虚情假意不同，感恩是真诚的，是自然的情感流露，没有任何功利性。作为一个员工，最好的表达方式就是把感恩化为动力，拉着公司向前冲。

第六章

珍视竞争：没有对手，比没有朋友更可怕

> 对手是一面镜子，他们能照出我们自己的特征，正是由于他们，我们才认识到了自己的缺点，激发起了潜能，从而奋勇前进、勇攀高峰。对手就是你成功的助推器，是助你不断超越自己的动力，所以当你发表感言的时候，请不要忘了感谢你的对手。

1. 遇强则强，对手让你不断超越自我

说到对手，很多人都会浑身战栗、咬牙切齿，恨不得对手突然暴病而亡、立马消失才好。其实这种想法是愚蠢的、是错误的。酒逢知己、棋逢对手，这对于我们每一个人来说是千载难逢的乐事，因为从对手那里我们知道了自己的不足，看到了更高一层的智慧，也是因此从对手那里我们学到了更多的东西，从而不断超越自己。

这个世界是一个充满竞争的世界，谁都希望自己脱颖而出、鹤立鸡

群，可是你想过吗？有时候，决定你成功与否的一大因素不是别人，而是你的对手。如果你的对手非常强大，你就会感到压力，你的斗志才会被彻底激发出来，并且你会想尽一切办法、尽一切努力去战胜他。当你战胜了你的对手，你首先要做的就是感谢他，因为有他的存在，你才会破釜沉舟、奋力一搏，最终站在了更高的台阶上，从这一点来说，对手就是你成功的助推器，是助你不断超越自己的动力，所以当你发表感言的时候，请不要忘了感谢你的对手。

在很多人看来，对手是与自己势不两立、不共戴天的，他们总是会给我们制造困难和障碍，总是会让我们品尝泪水和苦涩，所以，很少有人会从内心深处去感谢对手，相反却总是对对手充满敌意或忌妒。其实，我们更应该这样想：如果我们没有尝过失败泪水的苦涩，我们怎么会知道想要获得成功是需要毅力和智慧的？如果我们的道路永远一帆风顺，我们又怎么能够得到锻炼自己的机会？是对手让我们学会了反省自己的不足，学会了在困难中磨炼自己的意志，在泪水中学会乐观地面对所有艰难险阻。于是，我们的能力提高了，意志坚定了，内心平和了，而这都是我们走向成功不可或缺的宝贵因素。如此一来，我们又怎能不感谢对手呢？

人生是一条漫漫长路，对手是我们的同行者，也是挑战者，正是因为有了他们，我们才有了挑战自己、超越自己的动力。在2011年上海世界游泳锦标赛上，来自美国的两名泳坛名将菲尔普斯和罗切特在200米个人混合泳的决赛上相遇。对于全世界所有观众来说，菲尔普斯的名气显然要胜过罗切特。可就在所有人都对菲尔普斯给予厚望时，罗切特却首先触壁，并且创造了新的世界纪录。对于罗切特来说，战胜菲尔普斯一直是他的梦想。在这场比赛中，他终于有机会和强敌菲尔普斯一决高下。面对菲尔普斯的步步紧逼，罗切特更是奋勇直前，最终夺冠，并打破了自己保持的世界纪录。试想一下，倘若没有菲尔普斯的紧追不放，恐怕罗切特的求胜欲望也不会被彻底地激发出来，新的世界纪录也不一定会就此诞生。罗切特曾经因为菲尔普斯的存在而不被人关注，他不得不承受这样的失落，而如今，正因为菲尔普斯的存在，罗切特才最终站在了最高领奖台上。这就是对手的力量。

“没有岩石的拦阻，哪能激起美丽的浪花”。是啊，没有对手的挑战，我们如何能奋力一搏？美丽的红花下面总有静默的绿叶，蔚蓝的天空中总有朵朵白云，每个成功者身后都有着无数汗水和血泪，每个强者身后也总有一些顽强的对手。正所谓“狭路相逢勇者胜”，是对手让我们认识到了自己的不足，让我们能够汲取教训，不断进步。

古今中外，无数的历史事实都在印证这一道理。秦始皇统一六国、横扫天下，是那么雄才伟略、满怀壮志。然而，当秦国称霸天下之后，再也没有了可以和他抗衡的对手，于是英雄渐渐走上了末路，秦朝也于秦二世而亡。

在当今这个经济社会中，竞争无处不在。竞争对于我们来说是一件好事，有一句话说得好：没有竞争就没有发展。没有竞争，达尔文就不会找到物竞天择、适者生存的经典理论。因为竞争，我们有了对手，有了奋斗目标，我们不得不锐意进取、奋力拼搏。是对手让我们摆脱了平庸，走向了成功；是对手让我们的生命有了意义，而不致变得平淡无奇。

我们应该懂得，拥有一个强劲的对手是一种福分，是一种造化。朋友可以帮助你，对手也一样。一个人如果没有对手，就会甘于平庸；一个群体如果没有对手，就会失去活力、丧失生机；一个行业如果没有对手，就会因安于现状而走向没落。所以，一个有智慧的人、一个渴望上进的群体，当没有对手时要学会为自己寻找对手，只有时刻与对手进行对比，才能找出自己的不足，从而激发自己的生命活力。

我们每个人的本性都是不甘落后的，没有人希望自己的人生像一壶白开水，而对手可以为我们描绘出一幅色彩斑斓的画卷。我们可以在他们的紧逼下化茧成蝶，我们可以在他们的威胁下绝地反击。是他们让我们懂得，自我是需要超越的，美好的未来是需要创造的，因此，向我们的对手致敬，真心真意地向他们说声谢谢。永远记住曾经给我们带来威胁的对手的名字，因为正是他们用无形的绳索在拉动着我们，于是，我们有了更加鲜活的生命。

2. 尊重你的对手

什么是对手？如果你是赛场上的一匹赛马，那么对手就是那些和你一争高下的赛马。

一个公司之所以能够迅速地开发产品、拓展市场，正是因为对手的竞争。可以说，很多商场上的精彩对决都是源于对手的虎视眈眈，从而创造了众多令人目不暇接的商业神话，使得整个商业世界显得更加热闹非凡、生机勃勃。

一个聪明人绝不会去试图消灭对手，甚至有的时候，对手越强大，他会越高兴，因为和这样的对手交手时，自己也会变得强大起来。

对于一个公司来说，危机也许不是源于对手的强盛，相反，恰恰是因为对手的衰落，对手的衰落也许正预示着一个产业的没落。

什么是对手？如果你是拳击手套的一只，那么对手就是另一只。众所周知的百事可乐公司之所以从一个地方性的饮料品牌，最后成为一个享誉世界的饮料名牌，其中一个最重要的原因便是它的死对头——可口可乐。为了能够和可口可乐抢占世界市场，百事可乐顺应潮流，制定出了一系列品牌策略，从而开启了它的新时代。从此，这对伟大的对手造就了世界商业竞争史上的奇迹。很多经济学家如此评论道："百事可乐最大的成功是找到了一个成功的对手。"

什么是对手？如果你是硬币的一面，那么对手就是硬币的另一面。所以，尊重对手就是尊重自己。

2004年8月16日凌晨，雅典奥运会女子重剑前奥运会个人冠军、匈牙利老将弗纳吉，将与世界另一名来自法国的亚特兰大奥运会冠军弗莱赛尔上演一场惊心动魄的对决。经过激烈地厮杀，最终弗纳吉以15：10击败了弗莱赛尔，成功卫冕。

而让人惊奇的是，两人在给观众奉献了一场精彩绝伦的比赛的同时，也上演了一场动人的插曲：当双方正陷入胶着状态之时，弗莱赛尔的比赛装置突然出现了问题，就在全场观众都为她捏把汗的时候，站在对面的弗纳吉主动走上前去，帮她整理服装。待弗莱赛尔完全整理好后，两人才开始继续比赛。当弗纳吉走回原位时，全场发出了雷鸣般的掌声。

热烈的掌声是在向弗纳吉的君子之风致敬。她的举动体现了一个优秀运动员的气度和胸怀，同时也赢得了对手和所有观众的尊重。

几乎所有篮球迷都知道乔丹，却很少有人知道乔丹的队友皮蓬。皮蓬是乔丹当年在公牛队的队友，皮蓬的能力十分强大，跟乔丹不相上下。很多乔丹迷把皮蓬看成是乔丹的对手。在一场NBA决赛中，皮蓬夺得33分，超过乔丹3分，这使得皮蓬成为公牛队中比赛得分首次超过乔丹的球员。比赛结束后，乔丹与皮蓬紧紧拥抱在了一起，眼睛里都闪烁着泪花。

这是为什么呢？原来，当年乔丹在公牛队时，皮蓬是唯一一个能够和乔丹抗衡的队员，尽管他总对乔丹很不屑，甚至还经常说乔丹某方面并不比自己强。然而，乔丹并没有因此而和皮蓬势不两立，而是处处鼓励他、支持他。

一次，两人在训练间隔聊天，乔丹问皮蓬："我俩的3分球谁投得好？"皮蓬说："当然是你了。"那时，乔丹的3分球的投球成功率是28.6%，而皮蓬是26.4%。可乔丹却笑了笑说："错，是你！你投3分球的动作规范、自然，这证明你很有天赋，以后一定会投得更好，而我的缺点很多，我多数是用右手扣篮，可我总是习惯性地用左手帮一下，而你却左右都可以。"皮蓬一听愣住了，他还从来没有注意到这一点，顿时他被乔丹的无私深深地感动了。

也许乔丹的球技是举世无双的，但更让人敬佩的是他那无私的胸怀，因此他不仅赢得了球迷的尊重，更赢得了对手的尊重。

著名作家卡夫卡说："尊重你的对手，方尽显品格的力量和生存的智慧。"反省一下我们自己，我们是怎样看待我们的对手的呢？恐怕大多数人都会忌妒甚至仇恨。这样的心态是不是有些狭隘呢？要知道，只有与强劲的对手竞争，我们才能发现自己的不足，才能增强我们的危机感和风险意识，才能总结经验教训，做到取人之长、补己之短。其实，尊重对手就是尊重自己。

都说好朋友难找，其实最难找的是好的对手。

请学会尊重你的对手。如果你的对手是一个好的对手，那么请你珍惜他，甚至爱他。

日本三洋电机的创始人井植熏就是一个懂得尊重对手的人。每当他接待客人时，他在向客人介绍自己公司的同时都会花差不多相同的时间介绍自己的强劲对手：索尼、松下……

当我们感叹日本三洋电机创造辉煌的时候，我们是不是也应该向井植熏那种尊重对手的宽广的胸怀致敬呢？也许正是这种“尊重”，才使日本的电器能够在世界市场上和强大的欧美同行展开势均力敌的较量吧。

3. 善待你的对手

日本的北海道是世界上有名的渔场，这里盛产一种味道珍奇的鱼类——鳗鱼。一直以来，生活在海边的居民都是以捕捞这种鱼类为生的。鳗鱼有一个特点，那就是它的生命和其他鱼类比起来异常脆弱，只要一离开深海区，就会马上死掉。这让很多渔民十分头疼，因为顾客都喜欢买新鲜的活鱼，而且，新鲜的鳗鱼价格要比死亡的鳗鱼价格高出一倍多。

可是，有一位老渔民所捕捞的鳗鱼即使离开深海很长时间也不会死。这真是太奇怪了，到底是为什么呢？原来，老渔民总是在整舱的鳗鱼中放进几条狗鱼。什么是狗鱼呢？简单地说就是鳗鱼的死敌。在鱼类世界里，这两种鱼是出了名的死对头。狗鱼在整舱的对手里为了躲避鳗鱼的追杀而不停地窜来窜去，而整舱的鳗鱼却为了捕食狗鱼而个个睁大了眼睛，变得活蹦乱跳起来。

动物如果没有对手，生命力就会丧失，同理，一个人如果没有对手，那么他也会渐渐变得平庸起来，最终在碌碌无为中度过自己的一生。一个群体如果没有对手，就会因为相互的依赖和潜移默化而丧失活力和生机。同样地，一个行业如果没有对手，就不会有前进的斗志、蓬勃的发展。

对手意味着危机，意味着竞争。正是因为对手的存在，我们才会奋发图强、锐意进取、勇往直前。请想象一下，如果鳗鱼没有狗鱼的存在，它们会存活那么长时间吗？同理，如果没有对手，再强大的公司也会走向没落。

然而，很多人都把对手看成是自己的心腹大患，恨不得马上除之而后快。反过来想，我们会发现拥有一个强劲的对手其实对我们来说正是一种福分、一种造化。因为如果我们的身边有一个强劲的对手，我们就会时刻有一种危机四伏的感觉，从而激发起我们旺盛的精神和斗志。

正因为如此，所以我们要善待对手，我们应该把对手当作是我们的一剂强心针、一副推动器、一个加力档、一条警策鞭。只要有他们在，我们就不会有懈怠的机会，就不用担心自己会走下坡路。善待对手，因为他们的存在，我们将永远是一条鲜活的“鳗鱼”。

《华盛顿邮报》和《华盛顿明星新闻报》是20世纪70年代美国新闻界的两个最强劲的竞争对手。1972年，著名的水门事件发生了。这对于新闻界来说无疑是一个最抢眼的新闻点。一向以文风犀利老辣著称的《华盛顿邮报》在得知这个消息后，第一时间对整个事件进行了报道。

《华盛顿邮报》的这一举动令尼克松总统恼羞成怒。为了惩罚《华盛顿邮报》，尼克松表示此后只接受《华盛顿明星新闻报》的独家采访，而对于《华盛顿邮报》记者的采访一律置之不理。就这样，《华盛顿邮报》的记者被赶出了白宫。

此时，很多业内人士都开始议论纷纷，他们推测："这下《华盛顿邮报》恐怕是要被《华盛顿明星新闻报》彻底打败了。"然而，事实却让所有人都大跌眼镜。《华盛顿明星新闻报》竟然在头版头条发表了一个社论，社论声称：它不会作为白宫泄愤的工具来反对自己的竞争者，如果《华盛顿邮报》记者不能进入白宫，他们也将停止采访。

这是一个善待对手的典型故事，它所呈现的是《华盛顿明星新闻报》人的胸怀和气度。

一个动物学家对生活在非洲奥兰治河两岸的动物进行了长时间的考察，他发现：奥兰治河东岸的羚羊不仅繁殖能力要比奥兰治河西岸的羚羊强，而且奔跑速度也要比西岸的羚羊快得多。

为什么会有这样的差别呢？动物学家一直想不明白。为了弄清楚原因，这位动物学家提议动物保护协会做一个实验。他们在河的东西两岸各抓了10只羚羊送到对岸。结果，送到西岸的羚羊繁殖到了14只，而送到东岸的羚羊只剩下了3只。动物学家们发现，另外7只被狼吃掉了。

最后动物学家终于明白了原因。东岸的羚羊之所以强健，是因为在河的东岸有一群狼，羚羊为了生存，天天生活在一种"竞争气氛"中，反而越来越有"生命力"；西岸的羚羊之所以弱小，是因为它们缺少天敌，不用担心会被狼吃掉，所以它们整天生活在安逸之中，最后被安逸所杀。

你想与成功失之交臂吗？你想被淘汰吗？如果不想就请学会感恩你的对手、善待你的对手吧。只有他们强大，你才能强大；只有他们前进，你才能前进。

4. 对手是竞争者，更是老师

人类社会是一个充满竞争的社会，商场更是如此。要想在商场立足，就要适应竞争环境，就要战胜对手。如何战胜呢？聪明的人会向对手学习，会借助对手的力量让自己不断壮大。很多人把竞争对手看成是一种现实的威胁，是一种不利因素，其实，聪明的人会懂得感谢对手的存在。没有对手，就没有火药味儿十足的竞争氛围，而整天生活在安逸闲适之中，恐怕再怎么魅力四射、精力充沛的人都会变成一个平庸无奇的人。

其实，我们可以变敌力为我力，将对手的威胁之力变成我们的扬帆之风，进而让我们可以壮大力量、扫除障碍，笑到最后。

在日本人的眼里，对手是竞争者，同时也是老师。所谓“三人行，必有我师”，日本人深谙此理。比如，日本企业在和西方商业对手竞争的过程也是他们不断学习的过程，他们不仅学习到了先进的技术，而且还学到了先进的品牌理念。

对于日本著名的富士公司来说，老牌的美国柯达公司就是他们最强劲的竞争对手。一直以来，在全世界的胶卷市场上，美国柯达一直是一枝独秀、独占鳌头。然而，正处于辉煌的柯达却万万没有想到，在遥远的日本，有一家公司正在对它进行详细的研究。研究就是在学习，聪明的日本人想要通过模仿柯达来跟强大的柯达一争高下。事实上，日本人做到了。在1984的洛杉矶奥运会上，富士以700万美元的高价击败了柯达，成为这一届奥运会的赞助商。对于这样的成功，日本富士公司的负责人说：“柯达是我们的老师，也是我们的竞争对手，感谢它为我们营造了竞争的氛围，感谢它让我们学到了很多。”

而日本夏普公司的崛起，也是一个在竞争中学习的典型。

20世纪60年代初，英国的隆姆洛克公司和美国的威尔公司同时发明了电子计算器。当两个公司对外宣布之后，业界一片哗然。因为，虽然当时在市场上大行其道的大型计算机发展很快，但是由于它的价格偏高、结构复杂、使用不便，所以并不是十分走俏。无论商界和其他各个领域都在期盼着一种小型、灵活、便宜的计算器的诞生。而隆姆洛克公司和威尔公司所发明的电子计算器就在此时应运而生，可当时这个发明并没有引起美国企业界的重视。

很多美国公司认为这种电子计算器并没有多少前途，然而日本的夏普公司却不这样看。

于是，夏普公司从美国引进样机，于1964年仿制成功，很快就推向了市场，结果赢得了开门红。仅仅3年后，夏普公司又采用了MOS大规模集成电路及数字管，使得电子计算器的性能有了很大改进，而且价格低了一半，就这样，夏普公司的电子计算器成为了市场霸主。1971年，夏普公司把目光投向了在美国的竞争对手，结果出师告捷，数据显示，日本夏普的产品竟然占了整个美国市场的80％。

面对着日本公司的强势发展，对手美国公司产生了隐隐的不安。为了和日本争夺市场，1971年，美国公司利用它在半导体工艺方面的技术优势，发展了单片电路，并采用发光二极管显示。这次重大的技术革新，使美国重振声威，再度夺得了技术优势。就在美国公司为此沾沾自喜时，日本夏普公司也开始加足马力，奋勇直追。他们集中技术力量，在美国技术的基础上，于1973年又推出了“单板电子计算器”，把集成电路、键盘和液晶显示都制作在一块钢玻璃基片上，至此，日本夏普公司反败为胜。

对于日本人来说，研究竞争对手是他们最大的乐趣，因为他们可以在对手身上看到自己的不足，从而不断改进自己，所以，他们才能在你死我活的竞争中笑到最后。从某种程度上说，正是这种充满竞争的氛围催生日本企业的跨越式成长，使他们能够后来居上、笑傲群雄。

有对手才有竞争，有竞争才有成长。如今，竞争将更加频繁和激烈，对手无时不在、无处不有，如果我们能静下心来认真思考一下，或许我们会发现，真正让我们成熟起来的往往不是一帆风顺的顺境，而是充满挫折与挑战的逆境；真正让我们热爱生命的不是明媚的阳光，而是恐怖的死神；真正逼迫我们坚持到底的不是亲人和朋友，而是我们的对手；真正能促使我们成功的力量，往往聚积于与对手残酷的竞争之中。

无风无雨的温室只能培育出娇艳的花朵，参天大树往往都生长在险峰悬崖之上。生存环境往往能够影响和改变一个人的命运。恶劣的条件或阴险的强敌会让我们时刻准备着迎接挑战，而安逸的环境则会腐蚀我们的斗志。

一个人有没有竞争对手，其生存的状态是不可同日而语的；一个企业没有竞争对手，其经营的状况更是大相径庭。对手可以激发一个人的斗志，同样地，让企业在一定的压力下经营，可以给企业带来不断进取的动力。从这个角度说，企业有一个旗鼓相当的竞争对手，其实是一件值得庆贺的事。

人生何尝不是这样的呢？当我们被挫折和困难围追堵截之时，我们往往能杀出一条血路；然而等到功成名就、志得意满时，反而会阴沟里翻船。如果我们拿青蛙自比，那一锅滚开的热油就是对手给我们制造的一个危险的生存环境，所以，我们要感谢对手，感谢他们为我们营造了一个充满竞争的氛围，让我们时刻保持警惕、时刻准备战斗。

5. 对手制造压力，更催生动力

很多人都希望身边能有贵人出现，其实有的时候，我们的对手正是我们的贵人。为什么这么说呢？因为我们只有在感受到了对手的威胁的时候，我们才会把自己的潜力充分发挥出来。可以说，对手带给我们的压力，正是我们成长的动力。

海宁是一个很爱运动的孩子，在他很小的时候，他就梦想着有一天自己能够当上世界长跑冠军。就在他15岁那年，他的学校来了一位很有名气的长跑教练，海宁很开心，就去拜他为师。

教练从上到下把海宁打量了一番，脸上充满了不屑的神情，他觉得海宁并没有将来从事长跑运动的条件，因为海宁的腿很短。看着海宁充满期待的眼神，教练又不忍心告诉他实话。

最后，教练对海宁说：“好吧！孩子，从明天起，和你的新队友一样，每天早晨5点钟开始从家跑到我这里来。”海宁实在是太高兴了，便蹦蹦跳跳地跑出了教练的家。

锻炼就在第二天一大早开始了。

第一天，海宁跑了最后一名。

第二天，海宁还是最后一名。

教练开始替海宁感到难过：“可怜的孩子，要知道从你的家到我这儿可是所有队员中最近的，也许你不适合从事这项运动吧。”

可是该怎么跟海宁开口呢？第三天的跑步又开始了，这次让教练大跌眼镜的是海宁竟然是第一个跑到的，而且还比其他队友早到了将近15分钟。

教练兴奋地对海宁说：“你今天的速度已经打破世界纪录了！”他甚至怀疑海宁是4点出发的。

海宁笑着对教练说：“不！教练，您知道从我们家到这儿要穿过一个5公里长的森林。很不幸，今天早晨我遇到了一头野狼，它一直在拼命地追我！我把它甩掉啦！”

多年之后，海宁真的成为了一名专业的长跑运动员，并且在多项世界大赛中获得了冠军，而他的教练也成了全世界最优秀的长跑教练员。他曾先后培养出了几个世界冠军。别人向他请教方法，他笑笑说：“用一批野狼作为学员的陪练。”

没有几个人会有武松那样的胆子敢去挑战凶猛的老虎，然而无论是在自然界，还是在现实的生活和工作中，总有一些人会成为我们的对手，对我们造成威胁，让我们感觉到巨大的压力，那么，我们应该如何面对这些对手呢？把他们当成洪水猛兽敬而远之，还是用我们原以为不可能达到的速度和他们赛跑？

故事中那位教练显然十分聪明，他抓住了人性的心理并巧妙地加以利用，那就是：竞争的压力越大，我们的动力就会越足，强大的竞争对手会让我们提高警惕，并时刻准备迎接战斗。

一位知名企业家说：“我今天的成绩要归功于竞争对手，是竞争对手助我上青天。”这位企业家的经验之谈，不失为对“对手”作用的深刻总结。

一个人如果始终处在一个和平、稳定、缺乏竞争和压力的环境中，他会因此失去动力。即使微小的挫折都会让他手足无措，让他失去前进的信心和勇气，因此，没有对手的人生是苍白无力的。一个强大的对手给你带来的不仅仅是竞争意识作用下对自我能力的开发和潜力的调动，更重要的是他能够让你时刻保持清醒的头脑，居安思危，并为此兢兢业业、奋勇拼搏，所以，当你下次再遇到强大的对手时，不要对他恶言相向，不要冷若冰霜，不如走过去跟他握个手吧。

第七章

接纳缺憾：生活的给予，都是最好的安排

人生在世，不可能一帆风顺，当你没有鞋子时，要感恩你还有一双脚；当有嘈杂的声音烦扰你时，要感恩你的耳朵还能听得到……学会感恩，为你的拥有而感恩，感谢生活给你的赠予，为你的失去而感恩，感谢生活对于你的磨炼，让你更为坚强。

1. 以感恩的心面对生活

如果你能有一颗感恩的心，你就会在不知不觉间被它滋润、被它融化。你会发现，你心灵的荒漠上会冒出一棵嫩芽，它会天天茁壮地长大，继而成为一片绿意盎然的雨林。

在法国有一个小镇，这是一个很特别的小镇，因为这个小镇有一眼泉水。据说，这眼泉水特别灵验，可以医治各种疑难杂症。于是，很多

人都慕名而来，渴望泉水能够把自己的疾病治好，从此像一个正常人一样生活。

一天，一个拄着拐杖的军人来到了泉边，他的腿是在战争中被炮弹炸掉的。路人看见他一瘸一拐地走了过来，便用鄙夷的口吻冲他说：“老兄，你是不是想要一条健康的腿啊！”此人一听，便停下脚步，转过身，缓缓地说道：“我不是祈求一条健康的腿，我是想当我只有一条腿时，应该怎么过快乐的日子。”说完便头也不回地走了。

失去了一条腿，对于任何人来说都是不幸的，这将意味着从此永远被扣上残疾人的帽子，更糟糕的是，以后的生活会比常人艰难。然而，这位失去了一条腿的军人却并没有丝毫的抱怨和沮丧。对于这个世界，他是怀着一颗感恩的心的，他并没有让他失去另外一条腿，他相信未来美好的日子还在等着他。一颗感恩的心能够造就一种积极乐观的心态，这种心态之于生活就像是春风之于花草，炉火之于寒冬。生活对于每一个人来说也许并不那么顺畅，但是如果我们有一颗感恩的心，那么无论它多么褶皱、泥泞，我们也会趟过去，从此将我们的一生改变。

感恩是一种责任、自立、自尊和追求，一种阳光人生的精神境界。在懂得感恩的人面前，生活永远都是充满欢乐、充满阳光的。感恩生活的人，不会向命运屈服，不会做生活的逃兵，他们永远会以一种积极的心态去和所有的挫折、困难抗争。他们从不会败下阵来，因为他们永远相信美好的生活就在不远的将来。

是的，生活中，大多数人都在为生计忙碌、奔波。当生活的重担年复一年地压在我们肩上的时候，也许我们的心已经疲惫，我们开始变得麻木起来。那些所谓的美好生活似乎都已成了一幅遥不可及的风景画。我们开始渐渐迷失方向，因为我们不知道如此奔波劳累的日子，何时才会看到尽头。

也有一些人在与人相处时，斤斤计较、盘算得失，生怕自己会被人算计，生怕自己会错失良机。还有的人在深陷困境时，一天到晚埋怨老天的不公、事的不顺、运的不济，似乎整个世界都对不起自己。这些人已经不知道感恩为何物，他们不知道生活其实是一面镜子，你冲它笑，它就会冲你笑；你冲它哭，它也会冲你哭。生活本已将我们压得喘不过气，为何还要给自己打上一个心结、套上一个镣铐呢？

古人有云：境缘无好丑，好丑取于心。细细想来，的确很有道理。难道不是这样吗？试想，当你沉浸在喜悦中时，你是不是会觉得：马路上再嘈杂的汽车鸣笛声也很悦耳？是不是会觉得曾经那个被你视为眼中钉的人其实也很可爱？而当你深陷困境时，你是不是会觉得头上的太阳烤得你心里烦躁？小溪流水的声音都跟噪音无异？为什么会这样？这就是你的心态在作怪。

有这样一个故事：

一位中年妇女和两个女儿相依为命。为了生计，大女儿决定卖雨伞，小女儿决定卖扇子。于是两人去城里趸了很多雨伞和扇子，在村口摆地摊。

可是她们的母亲却非常担心。天晴的时候，她担心大女儿的雨伞会卖不出去，挣不到钱。下雨的时候，她又担心小女儿的扇子卖不出去，挣不到钱。总之，她每天都愁眉紧锁，仿佛世界被泼了一盆墨。

一次，这位中年妇女正坐在门口唉声叹气时，恰巧一位智者路过。他告诉这位母亲：“如果你能用感恩的心去看待这个世界的话，你就不会整天愁眉苦脸了。晴天时，你要感恩今天卖扇子的小女儿把扇子卖出去了；雨天时，你要感恩今天卖雨伞的大女儿把雨伞卖出去了！”听了智者的话，这位中年妇女终于幡然醒悟了，从此她的脸上挂满了笑容。

人生在天地之间，万物孕化，天覆地载，万物为我所用，我们所衣、所食、所用，“一日之所需，百工斯为备”，对于上天赐予我们的这一切，我们怎能不心存感恩呢？

什么是快乐，快乐是因为你计较得少！很多时候，我们无法选择什么样的生活，但我们可以选择用怎样的态度面对生活。

当你心存感恩时，你会发现你的人生正在悄悄地发生改变。在相同的环境里，如果你能心存感恩，你会觉得身边的每一个人都很友好，生活每天都充满阳光，你也会因此而备感开心和快乐，而这种快乐也会增进你的健康。试想一下，当你对这个世界心怀不满时，你会愤怒、会烦躁，镜子里面的你必定会哭丧着脸，不带一丝笑意；而当你对这个世界充满感恩时，镜子里面的你也一定会乐开了花。

古语说得好：量大则福大。常生感恩心，会让你的心量拓宽，你会时刻看到别人的长处，会时刻想对方的恩泽，会以真诚、平等、慈悲的心对待他人。人都是有感情的动物，你对别人好，别人又怎能忍心伤害你呢？相反，他们会加倍地给予你回报。如此一来，你的家庭会和谐，你的人际关系也会和谐，而兴旺的人脉则是你成功的基石。心多大，人生的舞台就有多大。有人说这是唯心主义，可是细细想来，似乎也不无道理。

其实感恩不纯粹是一种心理安慰，也不是对于现实的逃避，更不是阿Q的精神胜利法，感恩是一种阳光的生活方式，它来自于对生活的爱与希望。

感恩是自然万物本有的德性，儒家圣贤孔子曾说：“学而时习之，不亦说乎；有朋自远方来，不亦乐乎；人不知而不愠，不亦君子乎？”庄子曾说：“夫大块载我以形，劳我以生，佚我以老，息我以死。”这是对生活的感恩，是对生命的感恩。

心中若有感恩意，人生处处好时节。感恩是什么？它是春天里一枝盛开的杏花，可以给你带来美的信息；它是夏天里的一缕凉风，可以给你带来丝丝惬意；它是秋天里的一轮圆月，让你的心情如晴空一样清朗；它是冬天里一束金色的阳光，帮你驱散心中的寒冷。

当你心存感恩时，你的心就是百宝箱，心中充满阳光，这样的阳光一定会为你驱散阴霾，带来光明；而当你怨天尤人、满腹牢骚时，你的心就是垃圾桶，这样的人怎会有好运气呢？

试着感恩吧，你会发现感恩就像一根神奇的魔法棒，不知不觉间会改变你的人生。

2. 感恩改变你看待生活的角度

不知道你有没有问过自己这样的问题：我是怎样生活的？我有生活态度吗？没错，生活是需要有一个态度的。当然态度有好有坏，有积极的，也有消极的。选择哪一种态度是每一个人自己的选择。选择消极的态度，你的生活就会到处充满黑暗，你的内心也会时刻被黑暗笼罩。相信，没有人会喜欢这样的生活。那么，什么是积极的态度呢？请问，你是不是从没想过感谢你的父母、你的同学、你的朋友、你的老师？现在可以告诉你，一个内心没有感恩的人是不会有积极的人生态度的。

生活中，如果没有感恩的心，就会认为父母的爱是应该的，无论他们做什么，我们都会视为理所当然；他们端来的牛奶，我们会嫌热；他们的细心询问，我们会嫌烦；他们的担心，我们会嫌啰唆。整天嫌来嫌去，如此你还有时间去体会他们的良苦用心吗？如果心里没有感恩，就会认为朋友的帮助是应该的，无论他们怎么做，我们都会觉得“朋友就该两肋插刀”，而一旦有一天，他们因为各种原因没向我们伸出援手，我们就会认为他们不够朋友。一个不相信朋友的人，怎能体会朋友之间那份深厚的友情？如果心里没有感恩，就会认为老师对我们的教导是职责所在，那么无论我们取得多大成就，我们都会认为老师的付出只是他们的本职工作。内心如此冰冷如铁的人，怎会体会老师的辛苦和汗水的分量？如果心里没有感恩，当我们面对挫折时，我们会怎样？会不会怨天尤人、灰心沮丧？会不会自甘堕落、一蹶不振？相信这种可能性90%会发生。

相反，如果我们时刻用一种感恩的心态来和世界对话的话，我们的生活会是什么样子呢？相信，我们的脸上会挂满笑容，内心会充满欢乐，生活的路上，我们会信心满满，一往直前。

生活需要感恩，心存感恩，才能收获更多的幸福和快乐，才能摒弃没有任何意义的怨天尤人。“在快乐中我们要感谢生命，在痛苦中我们也要感谢生命。快乐固然兴奋，苦痛又何尝不美丽？”这是著名作家冰心说过的话。是啊！人生在世，怎能遭遇一点儿磨难就怨天尤人呢？我们生而为人，就要有面对种种失败和挫折的勇气。我们只有对生活充满感恩，才能在哪儿跌倒就在哪儿爬起来，然后重新上路，去迎击生活抛给我们的所有艰难险阻，去重新开创我们幸福美好的生活。不要抱怨生活对你太残忍，抱怨得越多，就证明你越脆弱、越不堪一击。怎么能轻易向生活投降？投降就意味着失败，失败的人生有何意义？

看看那些所有获得成功的人吧，他们谁没有一颗感恩的心？谁不是生活的强者？

美国总统罗斯福曾经患过小儿麻痹症，所以他一生都只能坐在轮椅上。也许在别人看来是个悲剧，可在罗斯福眼里并不算什么。他自始至终都那么乐观，对待生活永远保有一颗感恩的心。

一次，一个小偷潜入到他的家里偷走了很多东西，他的一位朋友听说后，赶忙给他写了一封信安慰他，信中尽是一些情意绵绵的劝慰的话。然而，罗斯福却给他回信："亲爱的朋友，你写信来安慰我，我非常感谢。我现在什么事也没有，我要感谢生活。因为，第一，小偷只是偷走了我的东西，并没有伤害我；第二，小偷只是偷走了一些东西，而不是所有东西；第三，最值得庆幸的是，做贼的是他而不是我。"

对任何人而言，家里丢了东西都是一件不幸的事，恐怕不管是谁都会抱怨自己多么倒霉，并且恶狠狠地诅咒小偷不得好死。可罗斯福非但没有抱怨，反而还找出了3条理由来开导自己。可以看得出，对待生活，罗斯福是怀着一颗感恩的心的。

如果我们也能和罗斯福一样，在心中培植一种感恩的思想，那么，我们就可以沉淀许多浮躁和不安，消融许多的不满与不幸，摒弃许多的埋怨和仇恨，如此，我们的生活一定会是澄澈的、明亮的、干净的、阳光灿烂的。

著名作家梭罗每天早晨做的第一件事就是对自己说：我能活在世间，是多么幸运的事！如果没有活着，那就既听不到踩在脚底的雪发出的咯吱声，也无法闻到木材燃烧所散发出的香味，更不可能看见人们眼中爱的光芒，于是，他每一天都满怀对生命的感激之情。

我们是不是也可以把梭罗当成我们的榜样呢？像他一样对生活充满感恩，对世界充满期待，对身边的一切充满激情。

如果你对你所拥有的事物表达感激，你会发现，它会持续地增加。世上没有十全十美的事物，许多事物往往都是双刃剑，若只看到剑刃的一面，受伤的永远是自己。对生活心存感恩，你便不会再有那么多的抱怨。

当你将感激之情持久地固定在美好事物之上时，你接受的也将是美好的事物，心存感激将会使你的心和你所期盼的事物联系得更紧。心存感激将使你获得力量，使你产生对生活、对美好事物的向往。

感恩生活吧，这样你就可以在失败时看到差距，在不幸时得到慰藉，在沮丧时获得温暖，并将这些转化为前进的动力。当你用感恩的心来看这个世界时，就会觉得你是多么富有！树上小鸟的轻唱、路旁花朵的芳香，甚至一缕阳光、一阵清风、一块绿茵都会让你心旷神怡。一个心存感恩的人，是天下最富有的人，而一个不知道心存感恩的人，即使家财万贯，也是个贫穷的人。

3. 把重点放在当下

何为“当下”？你能理解吗？古希腊学者库里希坡斯曾说：“过去与未来并不是‘存在’的东西，而是‘存在过’和‘可能存在’的东西。唯一‘存在’的是现在。”

这位西方圣哲是在告诉我们：人的一生，重在活在当下，因为唯有当下才是我们真正能够掌握和触摸到的东西。

一日早晨，有人请高人指点迷津，高人便把他叫进了一间密室，然后此人开始滔滔不绝地倾诉自己的众多苦恼。整整半个小时，此人依旧说个没完，高人只好打断了他，问道：“吃早餐了吗？”此人点点头。“把碗洗了吗？”此人又点了点头，待他刚要开口，高人立马接着问道：“有没有把碗晾干？”此人连连点头，颇为不耐烦地说：“有的，有的，现在您能够帮我解答我的问题了吗？”

高人看了看他，回答说：“你已经有了答案。”说完，把他请出了门。开始的时候，此人还有些不明所以，可几天之后，他终于恍然大悟：原来高人的意思是建议他要把重点放在当下，而不是放在那些还没有发生的事情上。

现实生活中，是不是有很多人也像故事里的主人公一样呢？整天在为已经过去的事和还没有发生的事烦恼呢？仔细想想看，这不是自找苦吃吗？已经过去的事情，我们已经没有能力再去改变；而将来的事情，又有谁能够准确预知呢？还是像高人所告诫的那样吧：只活在当下，不要去想过去和未来。人生短短几十年，岂能在回望过去和遥望未来中度过呢？活在当下，感恩生活岂不是更好？

充实的感觉和对物质财富拥有的多少关系不大，它往往和你生活的方式、生活的品质、生命的喜乐、生命的特性有关，而所有这些东西，只有静下心来慢慢感悟才能体会其中的深意。生活的美好不就是在一点一滴中感悟到的吗？

请感恩当下的生活吧，是“当下”给了你一个深深地潜入生命的水中或是高高地飞向生命的天空的机会。“过去”和“未来”是所有人类语言里最危险的两个词。生活在过去和未来之间的当下几乎好像走在一条绳索上，在它的两边都有危险。但是一旦你尝到了“当下”这个片刻的甜蜜，你就不会去顾虑那些危险；一旦你跟生命保持在同一步调，其他的就无关紧要了。对你而言，生命就是一切，能够切切实实把握好现在，就是对生活最好的感恩。

有多少人问过自己这样的问题：我的一生了无遗憾了吗？我想做的事我都做了吗？我有没有好好笑过，真正地快乐过？

有多少人的一生是这样度过的？年轻的时候，拼了命想挤进一流的大学；随后，拼了命想赶紧毕业，找份好工作；接着，就迫不及待地结婚、当爹妈，然后，又整天盼着孩子快点儿长大，这样就会减轻自己的负担；等孩子长大了，就开始想着赶快退休；等到真正到了赋闲在家的那一天，发现自己已经老得不能动弹了……在那一刻，生命也已经走到了尽头。

相信这是大多数人的生命轨迹。他们辛辛苦苦劳碌了一生，时时刻刻在为生命担忧，为未来做准备、一心一意计划着将来发生的事，一分钱不敢花，通通存入银行，就怕有一天生病了，央求无门，然而生命就在这样的惶惶不安中老去了。至于眼前的当下，也变成了一个个充满遗憾的过去了。

古之智者常常告诫我们要“活在当下”。何为“当下”？简单地说，“当下”就是你现在正在做的事、待的地方、周围一起生活和工作的人；“活在当下”就是要你把关注的焦点集中在这些人、事、物上面，全心全意认真去接纳、品尝、投入和体验这一切。

或许，你会认为这不是什么难事，认为自己天天都是活在当下。但是，你有没有想过，你是不是一直都在过着匆匆忙忙、争分夺秒的日子？你吃饭匆忙、走路匆忙，每天只睡3小时，即使是在娱乐时，也会老想着明天的事。这一切皆是因为你觉得自己还有更多的目标需要实现，更多的计划需要完成。如果你把多余的时间放在“现在”的这些事情上，你会觉得这是在浪费生命。

没有几个人是能够专注于“现在”的，大多数人天天都若有所思、心不在焉，时刻计算着明天、明年甚至更久远的事。经常会听到这样的话：“我明年要赚得更多”、“我以后要换更大的房子”、“我打算找更好的工作”。可是，当他们把这些目标都一一实现时，他们又会说：“再多赚点儿该多好”、“房子再大一点儿该多好”、“职位再高一点儿该多好”。以这样的心态对待生活、对待人生，岂能不惶恐、岂能不匆忙？

不能“活在当下”，就算得到再多，也不会觉得快乐。不只是现在不够，以后永远也不会嫌够，不能领悟到真正的满足不是在“以后”，而是在“此时此刻”，那些想追求的美好事物，不必费心等到以后才能获得，现在就已经拥有。

曾经有一位作家这样说过：“当你存心去找快乐的时候，往往找不到，唯有让自己活在‘现在’，全神贯注于周围的事物，快乐便会不请自来。”

我们经常探究人生的意义，其实人生的意义不过是闻闻身旁每一朵娇艳的花，享受一生之中的点点滴滴而已。毕竟，昨日已成历史，明日尚不可知，只有“现在”才是上天赐予我们的礼物。用一颗感恩的心过好当下的每一天吧，这样你就不会有遗憾。

4. 不要只盯着生活中的缺憾

有一首感恩生活的诗歌是这样写的：

当你在为人生的无常而眉头紧皱时，是否记得为自己拥有的一切而感谢上天？一生之中，我们有所爱的人，有爱我们的人；我们有父母、兄弟姐妹、朋友和情人的爱，这是我们最大的幸运。我们有健康的身体，可以做自己喜欢的事，这是多么幸福的事？每天早晨睁开眼睛，可以呼吸一口新鲜的空气、听一听自己喜欢的歌，这是多么美好的事？这一切都是上天的恩赐。人活一世，我们该如何表达生活给予我们的馈赠呢？请将生活里的浓浓爱意深刻在内心深处吧，心怀一颗感恩的心，过好我们的每一天。

《诗经》有云：投我以木桃，报之以琼瑶。从“木桃”到“琼瑶”，只是一枚感谢的种子而已——缘于爱与被爱。这之间，端看的，不过是一份心意罢了。或许，木桃对他而言，已是上上之品，你报之以琼瑶，未必就是倾其所有，譬如就是一声由衷的“感谢”吧。

生活由无数个每一天组成，然而在你生命的每一天里，你是怎样度过的呢？有人说：我已经快被生活给压垮了，每天早上天还没亮，就要匆匆忙忙爬起来去赶地铁、坐公交，饭都来不及吃一口；有的人会说：我今天真倒霉，出门的时候，一辆该死的车从我身边飞驰而过，弄脏了我的衣服；有的人在忙碌了一天之后常常感慨：活着真累，一点儿意思都没有！听听他们所说的每一句话吧，句句都是抱怨，句句都是怨气冲天。如果整天以这样的心态面对生活的话，只能说他们是在活着而不是在生活。你有没有静下心来想过：当你每天早上起来去上班时，有多少人根本没有班可上？当你被车弄脏了衣服时，有没有想过它只是弄脏了衣服，而没有夺去你的生命？当你抱怨一天的工作如此繁忙的时候，有没有想过，有多少人已经连续几天没有合眼了？

如此想来，你还有什么理由去抱怨呢？和那些残疾人比起来，你是多么幸运？和那些沿街乞讨的人比起来，你是多么幸福？和那些被意外夺去生命的人比起来，你在感叹生命易逝的同时，是不是应该感谢上天对你的垂爱？

生活是需要感恩的，怀着一颗感恩的心生活，善待上天赐予我们的每一天，这样我们每一天都会在快乐中度过。也许你并不富裕，每天要精打细算地过日子，但是上天却给了你灿烂的阳光，公园里娇艳的花朵可不是只给那些有钱人看的。也许你的眼睛看不见东西，但是你却可以和别人一样能听到小鸟的歌唱、优美的旋律。不要抱怨老天突降大雨，把你淋得浑身湿透，要知道被淋成落汤鸡的绝不止你一个。不要老抱怨困难总是找上你，当你在心急如焚时，有的人却已经无力回天了。

还记得那篇著名的《假如给我三天光明》那本书吗？那本书的作者相信很多人都不会陌生，没错，她就是20世纪用坚强与拼搏震撼了全世界的伟大女性——海伦·凯勒。

1880年6月27日，海伦·凯勒出生于亚拉巴马州北部一个小城镇——塔斯喀姆比亚。起初，海伦·凯勒一家都因为这个小生命的到来而沉浸在浓浓的喜悦之中。然而不幸却很快降临了，在19个月的时候，小海伦患上了猩红热。病情一度十分严重，经过精心的治疗之后，虽然保住了生命，但她却从此失去了视力和听力，也失去了说话的能力。从那一天起，海伦·凯勒就注定要在黑暗而又寂寞的世界里度过自己的一生了。

这样的不幸，对于任何一个人来说都是毁灭性的打击，可是海伦·凯勒却并没有因此身陷消沉。她和所有正常人一样，有追求、有理想，渴望有一天能够取得骄人的成绩。她开始在老师的帮助下，读书、写字，在几十年如一日的勤奋刻苦中，她终于让全世界都知道了自己的名字，她成为了美国著名的作家和教育家。

成名之后的海伦·凯勒又开始致力于慈善事业。她四处奔走，建立了一家家慈善机构，为残疾人造福，她因此被美国《时代周刊》评选为20世纪美国十大伟人之一。让很多人奇怪的是，为什么她会对慈善事业如此热衷呢？

如果你看过她写的那篇《一双双托满阳光的手》，你就知道她之所以会做这一切，都是因为她有一颗感恩的心。在这篇文章中，她这样写道："我要感谢给我带来帮助的益友，他们犹如一首首优美的诗歌那样能打动人心。和他们握手时，我能通过他们的掌心感受到那不可言喻的同情，和他们在一起，他们那幽默有趣的话语会把我的不快、烦恼和忧虑一扫而光，使我一觉醒来顿觉耳目一新，能将腐朽化为神奇，重新看到真实世界的美与和谐。我要感谢他们的善良，他们的爱犹如山泉灌进海洋，淡化了海水的浓度。我要感谢生活赐予我的每一天，让我能够做我喜欢的事，和我喜欢的人在一起……"

生活中的每一天对于海伦·凯勒都是珍贵的，所以她心怀感激。一个残疾人尚且如此对待生命，那么作为正常人的我们呢？我们有什么理由去抱怨呢？有什么理由去虚度那珍贵的每一天呢？

海伦·凯勒曾经说过："有时我想，要是人们把活着的每一天都看成是生命的最后一天，该有多好，这就可能显示出生命的价值。"是的，生命因为感恩才会变得可贵，才会有价值。如果我们能像她一样，珍惜每一天、善待每一天，那么生活中的所有烦恼和困难都会躲得远远的。如果我们时时能用感恩的心来看待这个世间，我们就会觉得这个世间很可爱、很富有。树上小鸟的轻唱、太阳无私的光明与热能、路旁花朵的芬芳，都会令你感到心旷神怡。

在英国，很多古老教堂的石墙上都刻着：思考与感谢，它是在提醒我们每一个人：思考我们所有的，感恩我们身边的一切。

海伦·凯勒因为感恩生活、善待每一天，所以她从没有因为自己身处逆境而气馁、烦恼过，相反，她自感每天都活得很"滋润"。她每天渴望雨露、渴望阳光；她每天都给自己留下想象的空间：灿烂的朝霞、悠然的远山、茫茫的星空；她每天充满信心，与命运挑战；她每天求知不渝，从而"唤醒了自己的心灵，给了它光明、希望和快乐，使它重获生……"

幸福的感觉是什么？其实，它不是由处境和外在的条件决定的，关键在于我们有没有一颗感恩的心。想想我们得到过的爱，哪怕它们并不多；想想亲人、朋友，甚至是不相干的人为我们做过的事，哪怕它们只是举手之劳；想想早晨扑面而来的清新的空气；想想拂过我们额前发丝的调皮的风儿……生活对于我们如此慷慨，我们有什么理由不去感谢它？

生活对一个懂得感恩的人来说永远不会吝啬，它会让你生命中的每一天都充满欢乐和幸福。

5. 没有风雨，不见得是好的人生

几乎所有人都渴望自己的人生能够一帆风顺，所以经常听人说：我不奢求这辈子能够与莺歌燕舞相随，能够与鲜花掌声相伴，我只期望我的人生能够没有风雨、没有挫折。这样的期望算不算奢求呢？事实上，一辈子没有挫折的人生是不存在的。任何一个人，在人生的路途上，大大小小都会遇到一些挫折。很多人一提到挫折就心生畏惧、毛骨悚然，但是却很少有人想过：成功正是在挫折中孕育出来的。从这一点上来说，挫折也是我们人生的一笔宝贵的财富。

如果生活没有给我们设置障碍，我们怎么会知道自己到底有多少能量？如果生活没有给我们制造麻烦，我们怎么能明白阳光总在风雨后？生活中的任何一个挫折，对于我们来说都是磨炼自己的一次良机。趟过泥泞的道路之后，我们的脚步会更加稳健，我们的内心会更加坚强，我们的视野会更加开阔，我们的心态会更加平和，而这些都是走向成功所必备的素质。所以，我们要感恩生活带给我们的每一个挫折，没有这些挫折的磨砺，我们便永远不知道自己到底有多么强大。

这是一个关于世界著名化学家诺贝尔的故事。

1864年9月的一天，斯德哥尔摩市深夜的寂静被一阵震耳欲聋的爆炸声打破了。

爆炸声是从市郊的一个工厂传出来的，工厂的主人就是诺贝尔。当救护人员赶到现场时，滚滚的浓烟正在冲上天空，一股股火苗一直蹿向几米高的天空。工厂已经变成一堆废墟，更让人伤心的是，5名工作人员被大火夺去了生命，而诺贝尔正在读大学的弟弟也不幸遇难。看着已经烧焦的5具尸体，诺贝尔脸色苍白、浑身发抖。

当诺贝尔的母亲得知小儿子惨死的噩耗时，悲痛欲绝。年迈的父亲由于无法承受如此巨大的打击而引发脑溢血，从此瘫痪在床，而诺贝尔几年来兢兢业业创下的事业从此付之一炬。命运跟这个渴望成就一番事业的人开了一个巨大的玩笑。

当时所有人都以为诺贝尔会从此放弃，可诺贝尔却并没有沉沦，在失败和巨大的痛苦面前，他没有丝毫的退缩和动摇。

可是接下来的事情却更糟糕，由于此次事故影响巨大，警察当局严禁诺贝尔恢复自己的工厂，而当地的居民也像躲避瘟神一样躲着他，没有人再敢冒险把土地租给诺贝尔建工厂了。

没有一个人出来支持自己，接下来该怎么办呢？诺贝尔只好另寻出路。几个月后，在远离市区的马拉仑湖上出现了一只巨大的平底驳船，驳船的主人正是诺贝尔，原来诺贝尔把他的实验室搬到了船上。在船上办实验室，警察是无权干涉的。

就在很多人都诅咒诺贝尔将有一天葬身鱼腹时，诺贝尔开始了艰苦的实验。那些实验都是以生命为代价的，稍有不慎就会被炸得四分五裂，可是一心想成就事业的诺贝尔并没有在意这些显而易见的危险。几百个日日夜夜，诺贝尔都沉浸在实验的乐趣之中，最终发明了世界上第一支雷管，这是爆炸学上的一项重大的突破。此后获得成功的诺贝尔在德国的汉堡等地重新建立了属于自己的炸药公司。

诺贝尔所生产的炸药成了当时各个国家的抢手货，源源不断的订货单从世界各地纷至沓来，至此，诺贝尔终于成就了自己梦寐以求的事业。

然而，命运并没有垂青已经获得成功的诺贝尔，不幸的消息一个接一个传到诺贝尔的耳朵里：在旧金山，运载炸药的火车因震荡发生爆炸，火车被炸得七零八落；德国一家著名工厂因搬运硝化甘油时发生碰撞而爆炸，整个工厂和附近的民房变成了一片废墟；在巴拿马，一艘满载着硝化甘油的轮船在大西洋的航行途中因颠簸引起爆炸，整个轮船全部葬身大海……

就在所有人都以为诺贝尔很可能会从此一蹶不振时，他再一次站了起来，依旧朝着自己的目标坚定不移地走了过去。在奋斗的路上，他已习惯了与死神朝夕相伴。

此后的成功又一个个被他创造了出来。总结诺贝尔的一生，他共获得专利发明权355项，这是一个惊人的数字，同时也给他带来了巨额财富。为了能帮助那些和他一样从事科学研究的人，诺贝尔出资创立了诺贝尔科学奖，被科学界视为是至高无上的荣誉。

诺贝尔曾对人说过：“我要感谢人生路上的所有挫折，是它们成就了我的事业，如果没有和它们相遇，我的意志就得不到磨砺，我的勇气就不会被激发出来。”

生活的磨砺是诺贝尔走向成功的阶梯，也许对于有的人来说，一而再，再而三的挫折早就消磨了他的所有耐心和意志，但是诺贝尔却并没有低头。是什么让他最终战胜了困难？是什么让他一次次跌倒之后，又一次次爬了起来？是生活的磨砺。正是因为这样，所以诺贝尔才会感谢那些挫折和困难。这是一种积极的心态，更是一种对人生的领悟。

人生不正是如此吗？没有挫折的人生，从某种意义上来说是黯然无光、无味无色的。为什么说“挫折是人生的财富”？就是因为挫折会让我们变得聪明、变得坚强、变得成熟、变得完美。当然，前提条件是我们要能经得住挫折。

每一个人在追求一种有形的财富的时候，总会有另一种无形的财富在默默地支持着他们，那便是挫折，往往是挫折给予了我们最大的荣耀，然而我们在直面挫折的时候，实际上我们已经成功了一大半，所以我们不要轻视这种无形的财富，不要去拒绝挫折的到来，反而要更加珍惜与善待它，挖掘与利用它的潜能价值。

一朵花的凋零荒芜不了整个春天，一次挫折同样无法摧毁整个人生。我们应该感恩挫折，感恩它带来雨后美丽的彩虹，感恩它成就了光彩夺目的珍珠，感恩它充实了我们的人生。垫在人类社会底层的、托起现代文明的，不正是人类经历过的种种挫折吗？帆船只有在搏击大海时才能体现其无畏风雨的价值，然而，我们只有在挫折面前方显英雄本色。

在非洲，有一种植物叫断肠草，它生长在树丛中，靠着空气中的少量水和阳光生存，是一种喜阴植物。它最大的特点是有着极度的敏感性，不愿意让任何东西接近，当有人或是其他东西不小心碰它一下，它就会从那一刻开始慢慢衰老而死，因此，当地人们又把它叫作孤独草。

在广阔的大自然里，按照断肠草碰一下即开始衰老的现象推断，森林里所有的断肠草都应该呈枯萎状态，因为在大自然中，每天都可能有数不尽的树叶落到它的身上，甚至两株相近的草被风吹动时也会相碰……可奇怪的是，这些断肠草却是生机盎然，这又是为什么呢？

一位博士对此产生了浓厚的兴趣，并做了一个实验：他在实验室里种植了两株草，实验开始的时候，一株草只碰一下，而另一株草，他模仿自然界，给它持续地接触，一段时间后，只碰一次的草慢慢蓑老死亡，而另一株受到持续接触的草却活了下来。后来，又经过几次相同的实验，都是同样的结果。于是他得出结论：断肠草虽然有着极度的敏感性，但只要给断肠草持续地接触，它就不会死亡……

如果我们把外界对断肠草的接触理解成挫折的话，是不是可以得到这样一个启示：有的人一生遇到的挫折可能很少，但可能仅有一次就会把他打倒；可当一个人一生挫折不断的话，他反而会越发坚强，更好地活下来。

感恩生活给予我们的磨砺吧，有了它们，我们的人生才会变得有意义。

6. 习惯对生活说谢谢

莎士比亚曾说过："你感恩生活，生活将赐予你灿烂的阳光；你不感恩而只知一味地怨天尤人的话，你的生活将是一片黑暗。"

很多人拥有让人羡慕的家境和学历，可他们却整天愁眉不展。无论他们的物质生活多么优越，他们都永远不会感到满足和快乐，而一个不懂得感恩生活的人，往往容易被时间催老，生活也会因此失去意义。

幸福其实是一种感觉，虽然它会受到外在因素的影响，但更多还是要看我们如何看待。

拥有一颗感恩的心才是幸福的秘诀，我们的人生才会充满阳光。对生活拥有一颗感恩之心的人，即使生活再贫穷，也会拥有很多的幸福。感恩的心从来不是天生的，它是后天培养出来的。

一个常怀感恩之心的人，他的生活一定充满阳光。感恩是爱的根源，也是快乐的必要条件。如果我们对生活中所拥有的一切心存感激，我们就能体会到人生的快乐、人间的温暖以及人生的价值。只有拥有一颗感恩的心，我们才能更懂得珍惜生命、热爱生活，即使遇上再大的困难，也能够微笑面对。

一家外企要招聘一位职员，很多人前来应聘，最后只剩下了5个。应聘人告诉这5个人，最终的聘用结果要由经理层开会讨论决定，最后的结果会在3天内发到他们的邮箱里。

3天后，其中一个女孩的邮箱里收到了一封来自公司人事部发来的信，内容是："经研究决定，很遗憾，你落聘了。虽然你的学识、气质令我们十分欣赏，但名额有限。若以后公司有招聘名额，我们会第一个考虑你。最后，为感谢你对本公司的信任，随信寄去本公司产品的优惠礼包一份，祝你好运！"

女孩看完电子邮件后，知道自己没被选上，心里有些难过，但公司的诚意却让她十分感动，于是她用1分钟的时间回复了一封简短的感谢信。

奇怪的是，仅仅过了两天，女孩竟然接到了公司的电话，通知她已被正式录用了。

女孩感到很奇怪，后来问过人事部经理之后才知道，其实那是公司的最后一道考题。她之所以能够被聘用，就是因为她多花了1分钟时间去感谢。

日常生活中，我们大多都生活在抱怨之中。父母常抱怨孩子们不懂事，孩子们则抱怨父母太严厉；丈夫抱怨妻子不贤惠，妻子抱怨丈夫不细心；在工作中，领导常埋怨员工不好好工作，而员工却埋怨上级太苛刻。总之，许多人对生活永远是抱怨，而不是感激，他们只在意自己能够得到什么，却从不曾想过别人为他们付出了多少。如果一个人不能够经受生活的考验，感受这个世界的美好，心里只能容下私利，那他永远跟幸福无缘。

生活在这个世界上的每一个人都是相互依存的，我们的成长永远离不开别人的关爱和帮助。父母的养育、师长的教诲、配偶的关爱、他人的服务、大自然的慷慨赐予……这些都是我们应该感恩生活的理由。你只有真正明白了这个道理，才会感恩大自然的福佑、感恩父母的养育、感恩社会的安定、感恩饭菜之美味、感恩衣之温暖、感恩花草鱼虫、感恩苦难逆境。

“东边日出西边雨，道是无晴却有晴”。人与人的际遇本来就是各不相同的，有人大器晚成，有人少年得志；有人终生与孤独为伍，有人却是梅开何止二度？命运可能是生成的，也可能是造成的，这些都可以不管它，重要的是我们要对它充满感恩，只有感恩，我们才能拥有阳光灿烂的人生。

人生在世，不可能一帆风顺，种种失败、无奈都需要我们勇敢地面对、豁达地处理。这时，你是选择一味地埋怨生活，从此消沉、一蹶不振，还是选择对生活满怀感恩，跌倒了再爬起来呢？

下篇

责任心做事

第一章

自我问责：没有做不好的工作，只有不负责任的人

负责任是一种生存法则，即使是在动物世界，绝大多数动物也不是只顾自己的“独行侠”，也要担负起一定的责任。在职场上，负责是一个人最基本也是最宝贵的职业素质，没有做不好的工作，只有不负责任的人。

1. 有责任感的员工不会“吃亏”

机遇往往垂青那些平时被人耻笑的“老实人”，他们总是拿着一毛钱的工资干着一块钱的活儿，默默地做着老板的“超值”劳动力，像黄牛一样任劳任怨，全然不知道自己吃了大亏。然而正是这些喜欢“吃亏”的老实人，却常常比那些精明人更容易得到老板的信任和青睐，更容易获得升职加薪的机会。

其实这些肯“吃亏”的员工，都是很有责任感的人，因为只有把

企业当成自己的家，才不会斤斤计较个人得失，才不会紧盯着薪水报酬而吝惜自己的付出。那些所谓的聪明人，绝不肯“浪费”一分力气，拿多少钱的薪水，就出多少钱的工，甚至有些人还偷奸耍滑。没有付出，何来回报？他们这样的心态，又怎么能指望在竞争激烈的职场上出人头地呢？

学习机械制造的元经毕业后到了一家精工机械制造厂工作。一段时间之后，他发现其他同事在生产过程中，对剩余的一些边角料总是不太珍惜，总是随手乱扔。下班后负责清扫卫生的员工就把这些东西当作垃圾处理掉了，每天总有上百斤这样的边角料被丢掉，非常可惜。

于是，元经每次下班后，都把别人丢弃的那些边角料收集起来，利用一台闲置的机床加工成一些螺丝螺杆这样的小零件。

他的一个同事经常“好心”地劝元经不要这么傻，意思是工作了一整天，下班还不赶紧回去休息，这些边角料扔了也就扔了，还加工成小零件，累不累啊？元经不听，那个同事最后气不过，说：“公司就发给你那么点工资，每天把任务完成就很对得起它了，你现在多干的这些活儿，干了也白干，没人给你发奖金。说句难听的，你就是一个吃力不讨好的笨蛋，就是一个喜欢吃亏的傻子。”对于他的这番“教诲”，元经只是笑笑，继续他的工作。

一天，老板下班后到生产车间去转悠，结果发现元经在认真地加工着边角料，旁边是加工好的半筐小零件。于是，老板就问元经：“别人都下班回家了，你怎么没下班，还在这里加工这些废料啊？”

元经说：“我觉得这些边角料扔了挺可惜，加工一下还能用得上。我回去也没什么要紧事，多干点活儿也累不着的。”老板没说什么，转身就走了。

半年后，老板宣布要提拔一位员工担任车间主任，大家纷纷猜测这个人选。但结果却让人大跌眼镜，老板点名要资历尚浅的元经来担任这个职务，就连元经自己也感到非常惊讶。

老板说出了提拔元经的理由："元经拿了一个人的工资，但是却干了不止一个人的活儿，他得到的报酬少，但是付出的劳动多，不怕吃亏，这么有责任心的员工，公司是绝对不会亏待他的。"其他工人听到这些都很感慨，没想到"吃亏是福"啊！

元经在工作中本着对企业负责的心态，没有盯着自己的付出是不是得到了企业相应的回报，而是兢兢业业地工作，付出了超出个人薪水的努力。在同事看来，这个人有些傻，没有加班费的工作还干，这不明摆着是吃亏吗？但正是元经的这份责任心，为他赢得了升职加薪的机会，因为任何企业都是不会亏待有责任感的员工的。从这个角度来看，元经这种不怕"吃亏"的人，才是职场上真正的智者。

一分耕耘一分收获，付出总有回报。职场中拥有强烈责任心、不怕"吃亏"的人，就不会吝于付出，机会总是愿意给予付出的人回报的，在你种下"吃亏"种子的同时，就已经为将来收获职位或者薪水的丰厚回报打下基础了。

然而，职场上还有很多人不明白这个道理，他们总是想能够得到怎样的回报，才去付出努力，才去承担责任，完全颠倒了因果。他们认为：既然公司给了我这么多薪水，我就只需要付出这些劳动，没必要再去主动承担更多工作。于是，他们就得过且过地混日子，逐渐消磨了自己的工作热情，也失去了前进的动力。长此以往，就变得默默无闻，被埋没在职场的茫茫人海中了。

这种不肯"吃亏"的心态，其根源就是没有责任心，这样不仅对公司没有任何好处，对自己也是很不负责任的。这样的员工也很难得到升职的机会，哪怕升职的机会真的来了，上司也不会放心地把重要的任务交与他去做。很简单，一个连本职工作都做不好的人，如何能够说服别人信任他呢？

吃亏是最简单的事情，每个人都会，但是绝大多数人都做不到。只有那些平时不斤斤计较个人得失，不局限于自己的所得，为公司付出更多、不怕吃亏的“老实人”，才能得到上司的青睐，给自己带来更大的发展空间。

“精明人”与“老实人”的区别就在于：“精明人”付出得少，得到得多；而“老实人”付出得多，得到得少，然而这仅仅是暂时的。实际的情形是：“老实人”干的活儿多，收获就会逐渐变多，机遇也会随之到来；而“精明人”付出得越少，他们的收获也就变得越少，机遇更不会落在他们头上。他们只是白白浪费了大好年华，输掉了成功的机会。

所以，不要抱怨当年同时入职的人现在的收获已经远远地超越了你；不要抱怨领导的偏心剥夺了你升职的机会；不要抱怨上天不公，怀才不遇的你没有遇到独具慧眼的“伯乐”，你之所以到现在还只是一个普普通通的小职员，守着办公室的一隅，还只能拿着微薄的薪水默默哭泣，还只能眼巴巴地渴望着加薪升职的机遇，一切的根源不在于你的工作能力不佳，不在于领导的识人水平低下，也不在于你的人生际遇悲苦，只是因为你不愿意“吃亏”，你没有足够的责任心。老板手下人才济济，他干吗要提拔重用一个付出太少而希望得到太多的“贪婪”的人呢？

吃亏是福。从现在起，学会增强自己的责任心，不要再斤斤计较眼前的蝇头小利，学会做一个肯“吃亏”的老实人。

2. 对工作负责就是对自己负责

在日常工作中，能力上的差异虽然会产生不同的工作效果，但那并不是主要原因。职场上的天才很少，白痴也不多，在能力方面，大家都是差不多的。然而，即便是两个能力不相上下的人，从事相同的工作，结果却经常会大相径庭。有的人做得干脆利落、尽善尽美；有的人却做得马马虎虎、不尽如人意。这是为什么呢?

因为他们的工作态度不一样，由此产生的工作结果自然大不一样。有些人没有将责任感融入自己的工作中，没有认识到工作对自己职业生涯的影响。因此对待工作马马虎虎，抱着应付了事的心态去糊弄。如此一来，不仅会为企业带来损失，也不利于自己的发展，可谓是“损人不利己”。

实际上，糊弄工作就是在糊弄自己，对工作负责就是对自己负责。

阿诺德和布鲁诺是同一家店铺的伙计，他们拿着同样的薪水。可是，一段时间之后，阿诺德便青云直上，而布鲁诺却还是老样子。

布鲁诺一肚子的怨气，他觉得老板对自己很不公平。一天，他到老板那里发牢骚，老板一边耐心地听着他“诉苦”，一边在心里盘算着如何解释清楚他与阿诺德之间的差别。

终于，老板说话了：“布鲁诺，你到集市上去一趟，看看今天早上有什么卖的东西？”

布鲁诺去了集市上，回来后向老板汇报：“今早集市上只有一个农民拉了一车土豆在卖。”

老板问：“有多少？”

布鲁诺又跑到集市上，回来告诉老板共有40袋土豆。

“价格是多少？”

布鲁诺叹了口气，第三次跑到集市上问来了价格。

待布鲁诺气喘吁吁地回来后，老板对他说：“好了，现在你坐在椅子上别说话，看看阿诺德是怎么做的。”

老板于是吩咐阿诺德去集市上看看。阿诺德很快就回来了，他向老板汇报：“到现在为止，只有一个农民在卖土豆，一共40袋，价格也问了。这些土豆的质量很不错，我带回来一个，您可以看看。这个农民一小时后还会运来几箱西红柿，价格还挺公道的。据说，昨天他们铺子的西红柿卖得很快，库存已经不多了。我想，物美价廉的东西老板可能会进一些，所以我带了一个西红柿做样品，也把那个农民带来了，他现在就在门口等着呢！”

这时候，老板转过头对布鲁诺说：“现在你该知道为什么阿诺德的薪水比你高了吧？”

对于布鲁诺来说，他仅仅满足于按照老板的吩咐去做事，他做的是最表面的事情。他没有进一步去想，老板让他去看看市场上有什么东西在卖，是想获得什么信息呢？老板不会无事生非，怎么可能只是为了满足一下好奇心，就让自己的员工专程跑一趟呢？结合自己公司的经营范围，老板吩咐的工作，不是去问一声市场上有土豆还是有西红柿这么简单无聊的事情，真正的工作任务是后面的环节：尽可能详细地获得对公司有用的市场信息。而布鲁诺的做法，很明显是在敷衍，糊弄工作，这同时反映了他的责任心——如果有那么一丁点的话，也仅仅是停留在表面上。这样的责任心和工作态度，怎么可能得到提拔重用呢？

工作是一个人在社会上赖以生存的手段，员工需要工作养家糊口，需要给自己找一个饭碗，因为我们谁都不想食不果腹、衣不蔽体，或者接受别人的救济，这是工作最基本的功能。

然而，除此之外，工作还有一个更重要的功能，那就是实现自我的价值。马克思说过："劳动是人的第一需要。"也就是说，工作是实现自我价值的最重要的手段。作为员工，要时刻铭记：当进入一家企业的时候，自己的经济利益和更高层次的心理需求就已经和工作、企业绑在了一起，对工作负责就是对自己负责，对工作越负责，就越能做好工作，进而获得更大的利益，个人事业也就更进一步。反之，糊弄工作就是糊弄自己，不仅提升不了我们的价值，还可能打破我们赖以糊口的饭碗。

小男孩米奇在一个社区给鲍勃太太割草打工。

工作了几天后，他找了一个公用电话亭给鲍勃太太打电话问她："您需不需要割草工？"鲍勃太太回答说："不需要了，我已经有割草工了。"

米奇又说："我会帮您拔掉草丛中的杂草。"

"我的割草工已经做了。"鲍勃太太说。

"那么，我会帮您把草场中间的小径打理干净。"

鲍勃太太说："真的谢谢你，我请的那人也已做了，我真的不需要新的割草工人。"

挂了电话后，米奇的伙伴杰瑞非常不解地问他："真想不明白，你不就在鲍勃太太那儿割草打工吗？为什么还非要多此一举地打这样一个电话？”米奇笑了笑，回答说：“我只是想知道我做得够不够好！”

在职场上，当你还在为自己工作业绩的难堪和人生境遇的窘迫长吁短叹时，要学会从责任的角度反思自己，清醒地认识到自己要以责任感对待自己所从事的工作，不要糊弄工作，努力培养自己尽职尽责的精神，多问自己“我做得够不够好？”“我是不是尽到了责任？”“我有没有糊弄工作？”

对工作负责，即是对自己负责。对工作的态度决定了一个人在工作上所能达到的高度，而在工作上的成就很大程度上决定了一个人的人生价值和成就。一个对工作有强烈责任感的员工，就能为公司的利益和成长努力付出，进而就能够不断提高自己的能力，实现自身的价值，在工作中崭露头角，而且比别人更容易获得加薪和晋升的机会，为自己事业的成功奠定坚实的基础。因此，无论是初入职场的青涩新人，还是历经风雨的淡定名宿，都绝不能糊弄自己的工作，要时刻对工作保持强烈的责任感，让自己切切实实地承担起责任来！

3. 用承担取代抱怨

在职场中，总有一些人整天发着牢骚：

“我都来公司这么久了，一直得不到重用，老板还经常给我小鞋穿。”

“努力工作又怎样？老板根本不在意。”

“这又不是我一个人的错，凭什么扣我的奖金？”

……

这些人每天想着加薪、晋升，期望得到老板的器重，成为公司的顶梁柱。遗憾的是，他们的这种期望是毫无可能实现的，因为“抱怨”给他们的成长与晋升之路设置了障碍，而在抱怨背后，暴露的也正是他们自身最大的弱点：没有责任心！

这个世界上本来就没有完美的事物，工作也不可能都尽如人意。很多时候，问题并不是因为工作不好，而是人的心态不对。如果你总是抱怨客观环境，而不是发自内心地去重视一份工作，尽职尽责地将它做好，那势必就会感到厌烦，进而心生懈怠。

实际上，并没有什么工作值得抱怨，只有不负责的人。就算你从事的是最平凡的职业，如果你能够消除抱怨，全力以赴、尽职尽责地努力工作，那么你同样能成为一个不平庸的人。

炸薯条这种食品在17世纪的时候风靡法国，深受当时美国驻法大使托马斯·杰斐逊的喜爱，于是他就把制作方法带到美国，并在蒙蒂塞洛把炸薯条当作一道正式晚宴菜肴招待客人。

当时，美国纽约的一家餐厅提供这种正宗的法国式炸薯条，这家餐厅身处一流的度假胜地，到那里就餐的都是一些有身份的人，不是名流就是富豪。乔治·柯兰姆是这家餐厅里的厨师，他一直都严格按照标准的法国尺寸来制作薯条，这道菜很受客人的欢迎。

有一天，一群富翁到乔治所在的餐厅就餐，其中有位客人非常挑剔，他一直抱怨薯条切得太粗，影响了他的胃口，因此拒绝付账。为了让这位富豪满意，乔治又重新做了一份，这次切得细了一些。可是，那位客人仍然不满意，还是抱怨薯条太粗了。

周围的服务员私下里都在抱怨那位客人不讲理，替乔治感到委屈。乔治心里自然也不高兴。不过，他是个有责任心的人，既然自己是厨师，那就要让客人吃得满意，这是他的职责所在。

于是，乔治再一次回到了厨房，这次他将马铃薯切得很细很细，细到一炸之后又酥又脆，这样的做法已经与正宗的法式炸薯条标准大相径庭了。不过，乔治心想，既然是客人要求这样做的，自己就应该满足他。

看到闪着淡黄色油光的薯条，客人非常满意。更有意思的是，其他的客人也纷纷要求乔治为他们制作这样的薯条。因为马铃薯需要手工削皮和切条，所以很考验厨师的刀工，但是乔治本着对工作负责的态度，一一满足了客人们的要求。

自此之后，这种“超细”的薯条便很快风靡了起来。后来，乔治开了一家属于自己的餐厅，并将这种薯条作为餐厅的招牌菜品。

没有一份工作值得抱怨，把该做的工作做好，这是员工的责任。一个人如果有强烈的责任心，那么即便一件事只有很小的希望，最后也能够变成现实。责任是员工强有力的工作宣言，是能够胜任工作的保障，一个人是否具备责任感，具备多强的责任感，也决定了他在工作中成就的大小，职场中地位的高低。别总觉得工作处处不如意，抱怨是推卸责任的表现。抱怨之前，员工需要扪心自问一下：自己为这份工作付出了多少？是否一直都以高度的责任感来对待？有没有投入百分之百的努力？一个真正负责任的人，永远都不会用抱怨为自己的工作做注解。

职场中的人要明确一个认识：老板雇用你来担任某一个职位，或者安排你从事某项工作，他的目的不是听你发牢骚，诉说工作中有多少麻烦和困扰，他是请你来解决问题、创造价值的。想要获得老板的肯定，实现自我的价值，首先要做的就是承担起你应负的责任，收起你的抱怨，做个敢于担当的人。一个只会抱怨，连本职工作都无法承担的人，又凭什么让老板器重你呢？

抱怨是懦夫的行径，凡是工作和生活中的勇者，都是不抱怨、敢于负责任的智者。抱怨也是愚蠢者的语言，因为抱怨根本无益于问题的解决，相反，还会转移你的注意力，使你不能集中精力考虑对策，在关键时刻，还可能会延误时机，让事情变得更糟。因此，对于出现的问题应该以负责的态度积极动脑筋、想办法，去解决问题，这种做法比任何抱怨都要明智得多。

人生是一条荆棘密布的小路，到处都可能隐藏着陷阱，我们不知道何时何地会遭遇怎样的挫折。不过，有挫折并不可怕，关键看你如何面对。态度不同，结果就不同。负责任的人不会抱怨，只会把挫折当成一种另类的财富。那些在职场上取得瞩目成就，最终成功地实现了自己人生价值的人，无不经历了重重磨难，他们跌倒了又爬起来，屡战屡败，又屡败鏖战，最终闯过艰难险阻，走向成功。

工作中遇到的各种困难和烦恼，其实都是对人生的历练。玉不琢不成器，要想在职场中褪去束缚你发展的外衣，就要经历处处不如意的痛楚，如此才能破茧成蝶，占领人生的高地。不经历风雨，怎么见彩虹？面对让你烦心的种种，你何不收起抱怨，代之以责任感、进取心呢？唯有如此，这些磨难才能助你走向成功，成为对你有用的财富。

4. 工作的激情从责任而来

人生旅途中总是沼泽遍布、荆棘丛生，追求目标的过程中总是山重水复，不见柳暗花明。在这段曲折的道路上，很多人失去了乐观和激情，让消极悲观的情绪趁机笼罩了内心，让自己生活在没有阳光的阴霾之中。

也许，你正无奈地看着青春渐行渐远，感叹时光如梭、岁月老去，而自己却始终与成功无缘。但你有没有想过：是什么导致了今天的局面？你在这里为了逝去的日子感叹、懊悔，为何不拿出激情面对现实呢？或许，就在你为错过月亮而哭泣的时候，你也错过了繁星。

工作中，很多人常常是虎头蛇尾，或者是三分钟热度，开始的时候可能对工作还有点兴趣，因此他们还能付出努力，等到一段时间过去，工作热情也就没了。要知道，工作不是小孩子的糖果，想吃的时候哭着闹着要，不想吃了就随手一扔，这样的工作态度是无法取得良好业绩的。

面对工作，我们需要保持一份激情，带着这份激情上路，才能让前进的脚步轻快而坚定。生命的价值，事业的成功往往需要一颗充满激情的心。激情，可以创造奇迹。如何才能让激情的干柴堆越烧越旺，并形成燎原之势呢？责任心，就是点燃激情的火种。

内心充满激情的人，总是以微笑面对生活，总是能够以饱满的热情跑在别人前面。所以，别再垂头丧气，别再情绪低落，给自己多一点鼓励，让自己多一点激情。只有这样，你才能够在遇到打击、困难的时候，义无反顾地向前走。

杰克·沃特曼退伍后，加入了职业棒球队，后来成了美国著名的棒球运动员。可惜，他的动作疲软无力，总是提不起精神，最后被球队经理开除了。

经理说："你一天到晚慢吞吞的，一点都不像在球场上混了20多年的职业选手。离开这里，不管你去哪儿，做什么，如果你还是没有责任心，没有激情，那么你永远都不会有出路。"这句话深深地印在了杰克的心里，那是他有生以来遭受的最大打击。

杰克牢记着这句话离开了原先的棒球队，加入了亚特兰大队。之前，他的月薪是175美元，现在他的月薪降到了25美元。薪水如此少，但他告诫自己，一定要努力，做起事来不能再缺少责任心和激情。在加入球队10天以后，一位老队员介绍他到得克萨斯队。在抵达球队的第二天，杰克发誓，要做得克萨斯队最有激情的队员。

杰克真的做到了。他一上场，身上就像带了电一样。杰克强力地击出高球，让对方的双手都麻木了。当时的气温高达华氏100度，他在球场上跑来跑去，很有可能中暑。但是，由于杰克的激情感染了大伙儿，队友们也都兴奋起来。杰克的状态也出奇得好，简直是超水平发挥，他不断地为球队得分。

第二天早晨，当地的报纸上说："那位新加入的球员，无疑是一个霹雳球手，全队的其他人都受了他的影响，充满了活力和激情，他们不但赢了，而且是本赛季最精彩的一场比赛。"杰克看到报纸，上面的报道让他非常兴奋，这更让他坚定了保持激情的决心。

由于杰克的激情和他的出色表现，他的月薪从原来的25美元一下子提高到185美元。在后来的两年里，他一直担任三垒手，薪水涨到了750美元。

有人问他："你是怎么做到这一点的？"

杰克说："因为一种责任感产生的激情，除此之外，没有任何别的原因。"

杰克·沃特曼的人生辉煌就是用激情创造的。

激情，是一种能把全身的每一个细胞都调动起来的神奇力量，它能促使人们发挥出平时不曾达到的水平，并感染团队中的每一个人，使工作变得主动而有效率。如果一个人对待工作充满激情，那么他就会认为自己所从事的工作是世界上最神圣、最崇高的职业。相反，那些没有激情的人，会逐渐厌倦自己的工作，这样的人又能有多大的成就呢？

作家拉尔夫·爱默生说："热情像糨糊一样，可让你在艰难困苦的场合紧紧地黏在这里，坚持到底。它是在别人说你不行时，发自内心的有力声音——'我行'。"这就是说，一个人如果没有激情，就不能把工作做好，而一旦对工作充满高度的激情，便能够把枯燥乏味的工作变得生动有趣，让自己充满活力，进而取得不同凡响的成绩。

人生路上的每一次进步，职场生涯中的每一次飞跃，工作中迸发出的每一个智慧的火花，无一不是激情创造的奇迹。保持激情，就是保证自己拥有持续的动力。生活如果丧失了激情，那就如同白开水，没有味道，也不会精彩；工作缺少了激情，就如同汽车没有了油，很难跑得起来。那么，如何才能拥有对工作持续不变的激情呢？这就需要对工作有一颗很强的责任心。

可以说，责任心是激情的“发动机”，它是点燃激情、拥有积极精神力量的火把，可以把全身的每一个细胞都调动起来，让人主动、积极地面对工作中所遇到的一切困难，不断提高工作能力，成就事业上的辉煌。

工作是很懂得“感恩”的，你为它付出十分的激情，它会回报你十二分的业绩。因此，若想在工作中脱颖而出，实现自己的价值，你就必须时刻保持对工作的责任感。责任心会引爆你的激情，而当这种发自内心的巨大精神力量转化为工作中的行动时，定能促使我们排除疑惑，更加自信；也能使我们坚定目标，全情投入；还能使我们坚持到底，收获成功，最终创造出辉煌的业绩，在职场中立于不败之地，品尝到成功的喜悦。

责任心是点燃工作激情的火种。无论你现在从事什么样的职业，处在什么样的职位上，不管你现在面对着什么样的困难，记住：保持一颗强烈的责任心。只有这样，你才能一直保持有激情的工作状态，将工作做到尽善尽美。在经历工作的千锤百炼之后，责任心定能让你在激烈的竞争中取胜，成为职场中的佼佼者。

5. 小职位也能创造大业绩

时下，不少人每天都在想办法寻求成功的捷径，恨不能一夜之间成为世界首富。他们不愿踏踏实实地按照正常的步骤去做好手头的工作，他们不努力、不用心地做事，凡事得过且过。

天下没有免费的午餐，职场上也不会有一步登天的奇迹。那些整天等着天上掉馅饼，想要脱颖而出、一举成名的人，只会渐渐丧失应有的责任心，让自已的工作效率越来越低，导致工作出现漏洞和错误。这样的人，根本无法在工作中积累经验，更谈不上提升实力、取得成功了。

所以，要想早日成功，必须有拿得出手的工作业绩，没有责任心，没有完美的工作业绩，怎么能吸引老板的注意，得到提升的机会呢？

石油大王洛克菲勒年轻的时候，曾经在一家小石油公司工作。生产车间里有这样一道工序：装满石油的桶罐通过传送带输送至旋转台上以后，焊接剂从上方自动滴下，沿着盖子滴转一圈，然后焊接，最后下线入库。洛克菲勒的任务就是注视这道工序，查看生产线上的石油罐盖是否自动焊接封好。这是一份简单枯燥，甚至连小孩儿都能胜任的工作。

没几天，洛克菲勒就厌倦了这份没有挑战性的工作。他本来想辞掉这个工作，但苦于一时找不到其他工作，只好继续坚持着。后来，他想，既然自己在做这份工作，就应该对这个岗位负责，把这个简单的任务做好。于是，他就认真地观察起这道工序来。他发现，每个罐子旋转一周的时候，焊接剂刚好滴落39滴，然后焊接工作就完成了。

几天后，洛克菲勒有了一个新的发现：焊接过程中有一道工序，其实并没有必要滴焊接剂，也就是说只需要38滴焊接剂就能把工作完成。“这样不就给公司造成浪费了吗？”他认为自己有责任解决这个问题。

洛克菲勒经过反复地试验，发现了一种只需38滴焊接剂就可完成工作的焊接方法，并将这一做法推荐给了公司。老板非常高兴，他做出了一个惊人的决定：聘用洛克菲勒为这家公司的高管。很多人都非常不服气，他们认为那种只需38滴焊接剂就可完成工作的方法并没有什么出奇之处，别人也做得出来，为什么单单提拔洛克菲勒呢?

老板认真地回答，这个工序上有很多员工，但是只有洛克菲勒一个人想到了要为公司节约这一滴焊接剂，看似是一件小事，但是它反映了洛克菲勒有很强的责任心。更何况，别小看这1滴焊接剂，它每年能为公司节省5亿美元的开支!

任何企业都需要全心全意、尽职尽责的员工，因为只有尽职尽责才能把工作做到完美，而员工完美地工作就能成就企业的强大竞争力。不管你从事什么样的工作，平凡的也好，令人羡慕的也罢，都应该尽职尽责，追求完美，这不仅是一个人的基本职业素养，也是实现人生成功的重要因素。

人人都渴望成功，期待得到老板的垂青，在职场上不断得以晋升。有很多员工总是抱怨老板不给自己机会，然而当升迁机会来临时，却发现自己平时没有积蓄足够的学识与能力，以致不能胜任，只好后悔莫及，眼睁睁地看着机会溜走，或者被其他同事抓住。

在职场上升职，意味着你可以站在更大的平台上，行使更高级别的权力。同时，也意味着老板对你有更高级别的要求，你要承担更多的责任。为了升职，员工需要跟很多人竞争，如果你没有得到这个职位，不要抱怨老板不给你机会，而是你的能力和经验还没有提升到相应的层次。

要升职先升值。升值包括个人文化、工作经验、工作能力等各方面的提升，是一个人成长为更加成熟和完善的职场人士的过程。对于员工来说，只有自己有了价值，才能得到更多的关注和重用，才能升职。因此，在工作中每个人都要加强责任心，把手头上的任何工作都做到完美，不断增强自己的竞争优势，不断地自我升值，这样才能脱颖而出，获得难得的升职机会。

责任心是完美工作的保险丝。有了责任心才能重视自己的工作，才能对自己高标准、严要求，才能要求工作结果精益求精，产生完美的工作成果。任何一个老板都希望自己的员工把任务做到完美，把业绩做到极致。同时，在这个精益求精的工作过程中，员工得以展现自己的才华和能力，体现自己的责任心，凸显自己的个人价值。这是获得老板认可的重要途径，更是成就个人职场辉煌的保证。

在职场上，有些人因为出身卑微，或学历不高，或饱经挫折，就否定自己，放弃了梦想。但也有一些人，总在兢兢业业地做着他们该做的事，即使自己的职位非常卑微，也丝毫不会减弱对工作的热情，他们就像马丁·路德·金说的那样："如果一个人是清洁工，那么他就应该像米开朗基罗绘画、贝多芬谱曲、莎士比亚写诗那样，以同样的心态来清扫街道。他的工作如此出色，以至于天空和大地的居民都会对他注目赞美：瞧，这儿有一位伟大的清洁工，他的活儿干得真是无与伦比！"他们不会因为职务的卑微而轻视工作，只会通过不断地进步和努力地付出，确保完美地工作。有人觉得这种行为很傻气，可事实上，他们在这个过程中提升了自己的价值，赢得了老板的赏识，一点点地朝着自己的理想靠近。

也许你感觉自己在工作中已经做得非常好了，但你是否真的已经竭尽全力把每件事情完成得尽善尽美了呢？当你想要偷懒、想要抱怨、想要放弃时，记得提醒自己：责任感是完美工作的保证，只有把工作做到完美，才能实现自己心中的愿望，才能让职场之路一帆风顺。

第二章

置身事中：从工作中的旁观者到参与者

在职场上，任何时候都不要说："这不是我的工作。"任何时候都不要逃避责任，做一个置身事外的"旁观者"。责任虽然意味着付出，但同时责任也意味着机会，"旁观者"清则清矣，但老板们更看重那些责任面前勇于承担的"当局者"。

1. 有些事，不必老板交代

有些人在工作中就像是小孩子玩的木偶，"拨一拨转一转，不拨绝对不转"。这些人有的是因为懒惰成性，得过且过，不愿意多付出一点儿劳动；有的是因为害怕做得不好会被批评，抱着不求有功，但求无过的想法；还有的人是觉得公司的兴衰跟自己没多大关系，事不关己高高挂起。这些想法和行为，都是没有责任心和没有担当的表现。

公司给个人的职场发展提供了一个舞台，在这个舞台上如何表演很大程度上取决于自己，老板只能指出一个前进的方向，职场人生的最终走向还是要靠自己决定。如果事事都被动地等待老板的吩咐，不敢主动承担一点责任，那么供你表演的舞台就会越来越小，最终你就会沦为配角或者看客，失去你的位置。

在责任面前不应置身事外，有些事情需要自动自觉地去做，不要一切工作都等着老板交代。

艾伦是诺基亚公司成千上万员工中的一名，入职以来，他一直在手机研发部负责设计和改进手机机型的工作。

每天，艾伦都机械地完成主管安排给他的任务，按部就班地过着日子。过了一段时间，艾伦觉得自己一点工作主动性都没有，每天做完主管安排的工作以后就无事可做，有时甚至会剩下半天的闲暇时间。他觉得这样浪费时间很不负责任，于是他想给自己另外找些工作来做。

一位同事了解了艾伦的想法后，劝他说：“现在我们的诺基亚手机已经是世界著名品牌了，不管是技术性能，还是外观形象，都已经达到了一定的高度，要想再有一个质的飞跃是很难的。况且，公司又没有给我们安排新的设计任务，你又何必做费力不讨好的事情呢？”

虽然同事说得有些道理，但艾伦每日里除了完成公司下达的任务以外，总是主动而努力地做些工作。他满脑子考虑的都是如何做一个新的设计，再让诺基亚有一个质的飞跃，以便符合消费者的需求。

艾伦经过认真考察后发现，当时几乎所有的时尚男女都随身携带着手机、一次性相机和袖珍耳机，于是他想把三者合为一体，而且立即按照这种想法研制具有拍摄和收听音乐功能的手机。很快，这种手机研制成功了，它一推向市场，就大受消费者的青睐，并且很快风靡了全世界。

毫无疑问，艾伦的职场生涯也因此变得充实而充满成就感。

公司的兴衰关系到每个人的发展，不要把公司和自己割裂开来，认为公司的事情不是自己的事情，老板没有安排的工作就不是自己的工作。公司发展好了，每个员工都会受益，如果公司不幸倒闭了，那么谁都要卷铺盖走人。

对待工作应当有责任心，积极主动地投入到工作中，而不是事事等待老板吩咐，被动地接受指令，变成没有老板指挥就是“死物”的木偶。

事事等待老板交代的人，很容易成为“按钮式”员工，每天按部就班地工作，但工作时却缺乏活力，少了创新精神，仅仅满足于做好老板交代的事情，对于“分外之事”他们视若不见、充耳不闻，哪怕油瓶倒了他们也不会伸手扶一扶。这种工作方式很明显失去了人的主观能动性，把自己仅仅当成会说话的“工具”，从本质上来讲，这种消极的工作方式就是不负责任。

一天晚上，天突然下起大雨，货场里恰好有一批怕淋的货物运到，装卸工人们都又冷又累，谁都不想去盖好篷布，只有刚来的一个小伙子爬到垛上，招呼大家帮忙盖一下。工人们都说：“我们是干装卸的，老板又没让干那些，货物淋了跟我们又没关系。”他们没有一个“操闲心”的。

货场的老板不放心，冒雨到来看到了这一幕。老板当时没说什么，帮着那位小伙子把篷布盖好就走了。

第二天，这帮装卸工就被辞退了，货场老板只留下了那位盖篷布的小伙子，让他担任工头，招募一批有责任心的工人。

企业团队是由每个员工组成的，企业的命运跟每一个人都密切相关，团队中的每一个成员都应该贡献自己的全部力量，责任面前不能退缩，不要再以“老板没交代”为由来逃避责任，要勇于担当。

在竞争异常激烈的职场中，落后就要挨打，主动才可以占据优势地位。我们的事业，我们的人生，并不是上天安排好的，而是我们自己创造的，勇于担当就能获得更多的机会。工作中，员工应该多想想“我还能为老板做些什么”，当额外的工作出现时，要把它看成锻炼自己的机会，积极主动地行动起来，尽量找机会为公司创造额外的财富。这个过程能够提升员工的个人能力和价值，让老板觉得这样的员工物超所值。升职加薪的机会来了，老板自然会首先选择积极主动、肯负责任的人提拔。如果什么事情都需要老板来吩咐，你的职场生涯便充满了危机，这样的人肯定是提拔在后、解雇在前。

老板也是凡人，不可能事事照顾周全，尤其老板身处高位，事务繁多，方方面面都要牵扯精力，因此有些事情他难免是看不到的。比如老板偶然漏掉了一项日常性的工作没有交代，而这又是在员工权限范围之内的，员工就应该挺身而出，主动负责起来，把这项工作做好。

主动负责地去工作不但锻炼了员工的能力，同时也为员工个人价值的实现增添了砝码。

微软原总裁李开复曾说：“不要再只是被动地等待别人告诉你应该做什么，而是应该主动地去了解自己要做什么，并且规划它们，然后全力以赴地去完成。想想在今天世界上最成功的那些人，有几个是唯唯诺诺、等人吩咐的人？对待工作，你需要以一个母亲对孩子般那样的责任心和爱心全力投入，不断努力。果真如此，便没有什么目标是不能达到的。”记住，企业和老板只会给你提供舞台，能演出什么精彩的节目、获得多少喝彩和掌声则需要自己排练。

责任面前，不要再置身事外，有些工作不必再等老板交代。拿出员工应有的责任心来，主动去做老板没有交代的事情，并把这些事做好，这也是锻炼自己的机会，是实现个人价值的有力保证。当然，勇于担当并不是把什么工作都往自己的身上揽，做老板没有吩咐过的工作要注意一个权限的问题，我们必须要考虑清楚自己做的事情是不是老板最需要的，公司最需要的，要在不破坏公司各种秩序的情况下，积极主动地去做额外的工作。明确哪些工作是我们不可以触碰的“雷区”，否则就有可能触及自己权限以外的事物，比如越俎代庖地插手公司的人事工作，这样就有可能触到高压线，受到老板的批评，进而打击我们的工作积极性，也不利于我们的职场生涯。

2. 不再说“这不是我的责任”

足球场上，有一种很“独”的人，总是自己带着球满场飞奔，不传球给队友，不懂得跟别人配合，以至于减弱了集体的整体力量。在职场上，情况却刚好相反，有些人犯了错误以后，对于责任这颗“足球”恨不得有多远躲多远。当责任“不幸”降临到自己头上的时候，马上大脚开出，传给别人。这两种人，都不受人欢迎。

有人觉得，犯错是不能胜任工作的表现，会给别人留下能力不强的印象，从而对今后的加薪与晋升有所影响，甚至还会被老板炒鱿鱼。因此，他们不敢主动承担责任，对责任能推就推，绝不“客气”。

然而，人非圣贤，孰能无过？知错能改，善莫大焉。逃避责任不是解决问题的办法，反倒会给人留下不负责任的印象。

三十多岁的李海是一家家具销售公司的部门经理，虽然他在这个行业做过多年，很有经验，但是对待工作却责任心不强，非常懒散，犯了错误非常喜欢逃避责任：“我没有在规定的时间里把货发出去，是因为老王让我帮忙做其他事情……”“我本来不想按照这个价格出售，但是小李认为这个价格的利润空间也不小……”

有一次，他提前得知了一个消息：公司决定安排他们这个部门的人到外地去谈一项非常棘手的业务。他怕办砸了担责任，于是提前一天请了假。第二天，上面安排任务，因为他不在，便直接把任务交代给他的助手，让他的助手转达。当他的助手打电话向他汇报这件事情时，他便以自己身体有病为借口，让助手顶替自己前去处理这项业务。结果因为助手缺乏经验，使这笔业务的利润很低，公司基本上算是白忙活了。

半个月后，老总打电话询问这项业务的过程，李海怕公司高层追究自己的责任，便以当时自己请假为由，谎称不知道这件事情的具体情况，一切都是助手办理的。他为自己辩解说，这不是他的责任，企图让助手来承担责任。其实，李海的助手在跟老总的通话中早就承担了自己的责任，然后又客观地讲述了事情的整个过程。

第二天，李海接到了老总的解聘通知。老总是这样跟他说的："作为部门经理，你没有一点担当，还把自己的责任推给下属，既然你承担不了经理的责任，也就不要占着这个位置，让能负责的人来干吧。"

直到这时，李海才明白了把责任推给别人是多么的不智。可惜，这笔"学费"昂贵了一些。

在工作中出现错误或失败并不可怕，毕竟没有人能够做到面面俱到、事事完美。可怕的是，没有责任心，不敢承担责任，想把自己的过失掩饰掉，把自己应该承担的责任推诿给他人。很多人没有认识到推诿责任的危害，他们不到万不得已不会承认自己的错误，而且选择对自己的错误加以辩解，像"踢皮球"一样将责任推给别人。老板不是傻子，即使能被你蒙蔽一时，但是纸终究包不住火，等到真相大白的时候，倒霉的还是你自己。

当工作中出现问题的时候，与其将自己的问题推给别人，倒不如大大方方地承担起来。领导不会因为勇于承担责任而处罚员工，相反他们会更看重员工在出现问题时所体现的工作责任感。如果工作一出现问题员工就推卸责任，老板自然就会选择那些敢于承担责任的人，为他们创造更多的成功条件。

如果员工能够勇于承担责任，肯从自己的身上找原因，在错误中能够吸取教训并及时改正错误，那么错误就会变成一笔丰富经验、提高能力的宝贵财富。把自己应该承担的责任承担起来，将责任心体现在工作中的员工，才能得到老板的欣赏和重用，并登上事业的巅峰。

面对工作中的失误，员工如果主动诚恳地承认错误，说明他有敢于承担责任的勇气和信心，这不仅是一个工作态度问题，也是一个品质问题。不把责任的皮球踢给别人，把责任心体现在工作中，哪怕是犯错的员工也能得到老板欣赏的。

某公司要在内部选拔一名总裁助理，经过多轮筛选后，竞争者最后剩下了三个人。他们接到总裁的通知，到总裁办公室做最后一次面谈。

在办公室里，总裁指着花架上的一盆兰花说："这盆花价值20万，是稀有品种，是从广西十万大山中运出来的。"总裁又说："我出去一下，麻烦你们把这花搬到窗户边上去。"

那花架看起来很重，三个人决定一起搬。令人意外的是，三个人刚一碰到花架，其中的一条腿就断了，兰花也摔坏了。

总裁闻声而来，询问是谁的责任，其中的一位首先声明自己没有责任："这不关我的事，是他们两个弄的。"

"生产花架的人把花架做得这么差，"第二个人说，"应该去找他们。"

总裁又问第三个人："你认为呢？"

"这是我们的责任，我们本来就有义务做好。"第三个人不卑不亢地说。

听他说完，总裁脸上露出了笑容："你被录用了！那盆花根本不值钱。"

员工必须明白，每个人都需要在工作中承担责任，这是员工的基本职业素养。工作做出了良好的业绩是员工的成绩，出现了失误也是员工的责任，工作中千万不要见好处就上，见责任就让。只有对自己的工作切实负责，以端正的态度对待失误，才是一个优秀员工应有的品质。只有这样，整个企业或者团队才能健康稳步地向前发展，如果大家都把失误的责任推给别人，那就是把企业当成了一块蛋糕，迟早会把蛋糕吃光，然后大家一起饿肚子。如果每一位员工都能够切实负起责任来，不推诿、不避讳，对自己严格要求，积极进取，那么企业就会像一片田地，在大家的共同努力耕耘下获得越来越丰厚的收获，这样大家才能衣食无忧。

面对自己工作中产生的失误勇于承担，才是真正的负责任。在其位，谋其政，担其责，只有这样，员工才能成就完美的职场人格，实现自己的人生价值，同时有了勇于负责的心态就会在工作中更加尽心尽力，更加积极地开动脑筋想办法，能够减少失误，为自己的企业创造更多的价值。

要想成为一名合格的、优秀的员工，就应该牢记自己的使命，尽职尽责地履行自己的义务，尽最大的努力把工作做好，减少失误。如果出现失误，就要自己承担责任，决不踢皮球，决不推卸责任，如此，才能成长为职场中的中流砥柱。

3. 想老板之所想，急老板之所急

职场上，常常听到这样的声音：“这是老板需要考虑的事儿，你一个打工的瞎操什么心啊？”“听说公司财务状况出问题了，你怎么工作还这么认真呀，还不赶紧想办法另外找个出路？”“其实我知道怎么打动这个客户，不过老板让小王负责了，现在拿不下来不关我的事，让老板自己着急好了。”这种对老板的忧难袖手旁观，甚至幸灾乐祸的员工，大有人在。

这种员工，总觉得老板的困难与自己无关，自己该怎么干活儿还是怎么干活儿，该拿多少工资就拿多少工资，对老板头疼的问题一点都不操心。其实，这是缺乏责任心的表现。他们没有把老板当作团队的一分子，老板虽然是员工的上司和雇主，但也是团队的一员，也是与员工休戚与共的同事。老板的困难不能解决，往往会给整个企业带来损失，从而对每一个员工都会产生不利影响。员工应该勇于承担更大的责任，为老板排忧解难，促进整个企业更好地发展。

宋亮是某公司的人事部经理，最近他发现自己的老板状态不佳。老板的业务能力很强，平时工作效率很高，处理事情井井有条、速度很快。但是这些日子，每次到了下班时间老板还剩下很多事情处理不完，一连好几天都是这样，而且一向谈笑风生的老板总是一副愁眉不展、无精打采的样子。

老板的状态实在是让人无法理解，而且他的意志消沉导致了公司的工作计划没能按时完成。客户对公司的表现已经流露出明显的不满，有的已经对延误交货时间提出索赔要求了。宋亮看到公司因此而受到损失，看到很有才华的老板因此而消沉下去，非常着急。

一天早上，宋亮在汇报完工作之后，用聊天的口气跟老板说："王总，家里都还好吧？"老板说："唉，我正头疼呢！我太太生病住院了。这几天搞得我筋疲力尽的。"

"哦，严重吗？难怪我看您脸色不好呢。"

"其实也没什么，就是现在孩子没有人接了，我晚上还要去医院陪太太，休息时间少，有点累。"

"我看您精神不太好。如果有用得着我的地方，您尽管吩咐。这样您可以多点时间陪陪家人。"

老板听到这番话，很是欣慰。他把一部分工作交给了宋亮，并对宋亮说了一番信任和感激的话。接手工作后，宋亮一丝不苟，力求将每一项工作都做好，遇到不明白或不熟悉的问题，他就主动向老板或同事们请教，非常负责。在他的努力下，公司的业务有了明显的起色，宋亮本人也在工作中得到了更多的锻炼。

后来，谈起这一段经历，老板总是很感激地对宋亮说："那时多亏你主动承担起责任，不然我还真的很难办。"通过这件事，宋亮得到了公司上下的尊敬和赞誉，更是成了老板的好"战友"。

像宋亮这样勇于承担责任，能在关键时刻主动替老板分忧、顾全大局的员工，有哪个老板会不喜欢呢?

公司的经营和运转跟个人的职场生涯一样，也不会一帆风顺，也会出现许多意外事件，老板也会遇到各种各样的棘手难题。这时候你不要想：反正不是我一个人的事，就算老板自己解决不了，不是还有别人吗？我干吗要做出头鸟，做吃力不讨好的事呢？也不要因为自己职位不高而逃避责任。任何员工，在老板遇到难题的时候都要挺身而出，主动负责，在自己力所能及的范围内为老板排忧解难。

在不少企业里，有些员工不仅不能主动帮助老板解决问题，甚至在自己没有做好工作的时候会直接把问题丢给老板，把本该属于自己的责任推给上司。他们会貌似恭敬地说："您看怎么办？"可以说，这种做法实际上是在推卸责任，员工可以向老板请教、寻求帮助，但不能把自己的工作责任也推给老板。这种做法使很多老板不得不亲力亲为，去做下属做不好的事情，别说员工主动为老板排忧解难了，有些老板甚至还要悲哀地给下属收拾烂摊子，这是企业最大的不幸。

老板也是普通人，他们外表看起来很荣耀，可实际上都承受着巨大的压力。除了工作上的事情，他们在家庭中也担负着很重的责任。在工作和生活中遇到难题的时候也会着急、发愁。也许这些工作老板没有安排给你，但问题的存在却阻碍了整个公司的发展。在这个时候，如果你总能替老板解决难题，老板即使表面上不说，内心里也会领你的情，而且会欣赏你，有机会就会提拔、重用你。因为，在老板眼里，你是一个有责任感的人，是一个能给他提供帮助的人。

如果一个员工不满足于现状，想改变自己在职场上的处境，那么只满足于做好手头上的工作是远远不够的。企业最终的目的是要赢利，在企业的经营过程中，各种风险、难题会纷至沓来，处理不好，就可能遭受灭顶之灾。因此，员工一定要拿出责任心，跟老板同舟共济，渡过难关。在老板遇到难题的时候能够挺身而出、主动承担责任的人，就是企业的“救火队员”，这种员工根本不需要担心得不到老板的关注，遇到问题，老板第一个想到的就是他，升职加薪的机会自然也非他莫属。

在职场上，没有一个老板是无所不能的“超人”，比起普通员工来，他们承受的压力更大，遇到的困难更多，肩上的责任也更重。他们遇到困难时，虽然万分焦虑，但还是要尽量平静地进行日常的工作。作为员工，在老板需要帮助的时候，不要作壁上观，更不能幸灾乐祸或者落井下石，那就不单是责任心的问题了，而是严重的素质问题。这时候，员工应该勇于承担起责任来，做自己力所能及的事情，为老板排忧解难，帮企业渡过难关。这不仅是对企业负责，更是对自己负责，这样的优秀员工才能在职场上有所斩获。

4. 以主人翁心态对待公司

很多人把公司当成是自己工作的一个场所，就像一个生产车间或者作坊，完成了工作以后就匆匆离去，毫不留恋。他们觉得公司就是一个临时的落脚点，自己只是一个过客而已，公司的好与坏，与自己无关，大不了跳槽去别的单位。可惜，怀有这种心态的人不管到了哪儿，都不会有好的发展，因为他们没有把公司当成自己的“家”。

其实，每一个优秀的员工，都不会仅仅把公司当作出卖劳动力换取薪水的地方，他们总是把公司当作自己的家，处处维护公司的利益和荣誉，为公司的困难出谋划策，为公司的成长欢呼雀跃，在工作中勇于承担责任，当仁不让地去处理工作中遇到的各种难题，真正把公司的命运跟个人的发展结合起来，实现公司和个人的共赢。

一位年轻的电气工程师，在某大型公司的售后服务部门工作。一个周末的早上，他到一家商城购物，路过电器专柜的时候，无意中听到有人抱怨他所任职的公司的产品质量有问题。那个人越说越起劲，结果有不少人都围过来听他讲。

当时这位工程师正在休假，他是来陪妻子逛街购物的。他本来可以对这件事置若罔闻，自顾自地继续他的休闲生活，没有人会要求他做些什么。但是他对公司有着很强的责任心，对公司的利益非常关心，于是，他走上前去说了声抱歉，然后告诉那位大发牢骚的顾客，自己就在那家被他抱怨的公司工作，希望了解一下他对产品不满意的原因，并且请求这位顾客给他们公司一个机会改善这种状况。最后他保证，他们公司一定可以解决这位顾客的问题。

在场的人都非常惊讶，因为这位工程师当时并没有穿公司的制服，他同自己的妻子也是来购物的。众人看着他掏出手机给公司打电话，请公司立即派出修理人员到那位顾客家中去帮顾客解决问题，直到顾客满意为止。

后来，这位工程师还打电话给那位顾客做回访，询问顾客对自己公司服务够不够满意，还有没有需要改进的地方，并对这位顾客再三表示了歉意。结果，这位顾客后来成了他们公司的义务宣传员。这位工程师也受到了公司负责人的高度赞扬，并号召公司全体员工向他学习。

这位工程师没有像某些员工一样，对公司利益漠不关心，在公司里就按部就班地干活，出了公司大门就跟公司无关了，不是自己职责范围内的事绝对不管；而是不论何时，都站在公司的立场上，把公司当成自己的家，把公司的利益当成自己的利益，时时处处为公司着想，而不是置身事外，他是以高度的责任心对待自己的工作和公司的。这种责任感，不仅是公司的宝贵资源，更是他自己一生受用不尽的宝藏。每一位员工都应该像这位工程师一样时刻都把公司的事当作自己的事，责任面前不要采取观望态度。

一个公司，其实就是一个大家庭。老板就像家长，负责指引整个家庭的发展方向，每一位员工都为这个大家庭贡献自己的力量。如果是在真正的家庭里，每个人都会尽心尽力，但是在公司这个“家庭”里，往往有个别员工存在着错误观念，他们认为公司跟自己的关系没有这么密切，哪怕公司垮了对自己的影响也有限，大不了换个工作。

这种观念是错误的。公司就是员工的家，真正优秀的员工应当在责任与薪水之间，更加看重责任，把公司的事当作自己的事，处处维护公司的利益。有了这种意识，员工自然就会具有一种发自内心的力量和无限的动力，遇到问题就不会拖延、找借口，也不会抱怨不断，而是积极主动地做好每一件工作。而当员工完美地将工作完成时，自然也就不愁升职加薪的日子会遥遥无期了。

职场中的每一个人都想事业有成，公司就是实现这个理想的一个平台。有些人在工作中脚踏实地，每走一步都能留下自己的足迹，每天都在成长；而有些人却由于各种原因，总是与公司离心离德，始终不肯把自己安稳地放在这个“大家庭”里。久而久之，自己就会成为这个团队的“外人”，这对公司和个人的发展都很不利。

“公司就是自己的家”不只是一句简单的口号，而是每一位有责任感的员工的自我意识所产生的归属感的表达。对于期待事业有长远发展的人来说，更应当把公司看成一个自身生存和个人发展的平台，珍惜工作本身带给自己的除薪水之外的经验、技能等各种报酬。无论薪水高低，在工作中都要尽职尽责、积极进取，做到以公司为家，这才是事业成功者应该具备的心态。

员工只有对任职的公司产生责任感和归属感，才能激发自己的热情，认真、踏实地投入到工作中，兢兢业业，最终实现自己的职业理想。

上汽集团的总裁胡茂元，从17岁作为一名学徒进入工厂开始，一直把单位当成自己的家，在这个公司效力了40多年，这在当今把跳槽看成家常便饭的职场中好像不可思议，但正是这种对公司的责任感和归属感促使胡茂元为公司奉献了一生的力量，也实现了个人的价值，获得了令人羡慕的成功。

反观那些把公司仅仅当成赚钱场所的人，那些无视自己的岗位责任的人，永远都只能成为公司长远发展历程中的一个匆匆过客，分享不到公司发展给个人带来的巨大收益。因为这样的员工对公司没有归属感，不能尽善尽美地完成工作，也就丧失了获得成长的机会。这类员工无论在哪一家公司工作，都无法出人头地，甚至很可能会被淘汰，永远也不会实现自己的人生价值。

如果员工愿意成为公司这个大家庭的一员，就需要把主人翁的心态持之以恒地贯彻到一切工作当中，真正把自己当作这个集体中的一员，抱着强烈的责任感和使命感投入工作。把公司当成自己的家，公司就会像家庭一样给你最丰厚、最温暖的回报。

5. 过门心态：从“你们公司”到“我们公司”

有这样一则有趣的小故事：

一位新娘子过门到新郎家的当天，在走进院子的时候，新娘看到有只老鼠跑过，她回过头对身后的丈夫扫了一眼，笑着说：“你们家居然有老鼠！”新郎微笑不语。第二天一大早，睡梦中的新郎被一阵追打的声音吵醒，他看见新娘手拿一根木棍边追边骂：“坏老鼠，我今天非打死你不可，居然敢到我们家来偷米！”

从“你们家”到“我们家”仅一字之差，可是新娘子的心态其实已经完全不同。过门之后，她就是这个家的一分子了。在现代职场上也应该如此，每位员工进入企业后，都应有“过门”心态，树立主人翁意识，加强责任感，明确地知道公司的利益就是自己的利益，要有跟公司一荣俱荣、一损俱损的觉悟。

2007年11月6日，阿里巴巴在香港联合交易所上市，开盘价30港元，较发行价13.5港元上涨了122%，截至下午13:22，该股报出35.75港元。按照前一晚港元对美元的汇率计算，阿里巴巴市值已经超过200亿美元。

在经历了上市首日的疯狂后，11月7日，阿里巴巴收盘报出32.60港元的低价，下跌了近17.5%。尽管财富数值有所缩水，但这并未妨碍一个财富新势力的崛起——阿里巴巴的上市，一举造就了上千位百万富翁，在其杭州总部，一大帮年轻人以舞狮来庆祝胜利。

阿里巴巴上市使得千名员工成为百万富翁，这是中国互联网公司上市造就百万富翁最多的一次。马云也兑现了他的承诺：将有千名阿里巴巴员工成为富翁。

这绝对是一个奇迹。创业之初，这些初来乍到的员工，有谁能够想到几年之后会有一笔天文数字般的财富等着自己？他们一直以来只是像过了门的新娘子一样，踏踏实实、尽职尽责地做好每一件事，为“婆家”全力贡献着他们的力量。他们同老板马云和阿里巴巴一起度过了艰难的风风雨雨，员工和企业结成了牢不可破的利益共同体，如今他们以自己的努力创造了一个财富神话，获得了丰厚的回报。

无论在哪家企业，员工都需要和企业共进退，不能把自己的利益独立于公司的利益之外。员工一旦进入了某家企业，就要像故事中的新娘子一样，迅速地建立起主人翁心态，自觉地承担起责任来。一定不要只看着钱做事，老板给多少钱就做多少事，不肯做“赔本买卖”。有的员工对公司的发展和利益抱着事不关己的想法，游离于责任之外，带着这种思想去干活的人，他的薪水和职位也不会得到提升，甚至会被公司淘汰，最终反而会损害了自己的利益。

无论是生产车间里的普通工人，还是活跃在市场第一线的销售人员，都是凭借自己创造的价值来获得报酬的。那些对工作有着强烈责任感，把公司利益放在第一位的人，为企业创造了更多的价值，得到的报酬自然更多。而一个只对薪水负责的员工是注定不能成为企业的一分子的，更不可能获得升职加薪的机会。因此，我们应该以强烈的责任感积极主动地融入团队之中，为这个企业贡献自己的力量。

现代职场中有一些员工有一种观念上的误区，他们站在公司的对立面上，把自己当作“局外人”，没有新娘子的过门心态，对“你们”公司的兴衰成败漠不关心，他们没有意识到自己和企业其实是利益共同体、风险共同体，甚至是命运共同体，而是在心里想：“企业是老板的，又不是我的，发展了或者倒闭了，都与我没有多大关系，我不需要瞎操心。”如果把这样的人也比作新娘子的话，那这种新娘子肯定是败完家会立马改嫁的人。这样的“媳妇”又有哪个婆家会喜欢呢？能不给你一纸休书让你卷铺盖走人吗？

一个不为企业着想，把企业利益跟个人利益割裂开来的员工，即使工作再长的时间，也只能是一名普通职员，不会有更大的发展。这样的人依赖着企业，却没有为企业出力的想法，只盯着索取，不知道回报，这种毫无责任感的人自然毫无价值可言，老板也不会给你更广阔的舞台和丰厚的回报。

工作意味着责任，一个把公司利益和自己利益统一起来的员工，则会带着百分之百的责任感，全身心地投入其中，尽可能地为企业发展贡献自己的力量，为公司创造最大化的价值。他们这种主人翁的精神，为企业创造更多价值的同时，也提升了自己的价值。所谓“水涨船高”，老板自然会感激为公司付出的员工，并回报他们。

有责任感的员工，一定会把自己的利益和公司的利益结合起来，努力为公司创造利益。如果把公司比喻成一艘大船的话，员工就是在公司这艘大船上乘风破浪的水手，要想顺利到达彼岸，就要靠公司这艘大船平稳高速地行驶。如果员工对公司没有责任心，任凭这艘大船遭受风吹浪打，不采取任何措施规避险滩暗礁，那么这艘大船是很难顺利航行的，闹不好还要落得个船毁人亡的可悲下场。如果到那个时候水手们才想起与大船休戚与共，就悔之晚矣了。

如果你也想在职场上大展拳脚，做出一番事业来，就要如故事中的新娘子一样，把公司的利益跟个人利益统一起来，抱着高度的责任心为公司创造更大的利益。这样，你才能够水到渠成地收获自己的利益。

第三章

拒绝借口：解决问题比解释原因更简单有效

西点军校里有一个广为传诵的悠久传统，就是遇到军官问话，只有四种回答："报告长官，是！""报告长官，不是！""报告长官，不知道！""报告长官，没有任何借口！"除此之外，不能多说一个字。工作中，我们是否也应该拒绝任何借口，做一个勇于担当的人呢？

1. 借口改变不了什么

有些人不敢担当责任，他们善于寻找各种各样的借口来为自己的失职推脱。"我可以早到的，如果不是下雨堵车。""那个客户太挑剔了，我无法满足他。""手机没电了，所以我没有联系上那个客户。"只要用心去找，借口就像海绵里的水，总是有的。

这些人宁愿绞尽脑汁去寻找借口敷衍塞责，也不愿意多花点心思把事情做好。借口或许可以让这种人暂时逃避困难和责任，但是时间长了，推卸责任就成了一种习惯。借口说出来很容易，但是要消除在老板心中的坏印象就难了，这对个人的发展是很不利的。

某家大型企业最近一个月的业绩明显下滑，老板非常着急，于是召集各部门负责人开了个月度总结会。在会议上，老板让公司的几个负责人讲一讲公司最近销售方面发生的问题。

销售经理首先站起来说：“最近销售做得不好，我们部门有一定的责任。但是，主要原因不是我们不努力，而是竞争对手纷纷推出新产品，他们的产品明显比我们的好。”

研发部门经理说：“最近，我们推出的新产品非常少，但是我们是有实际困难的。原本不多的预算，后来被财务部门削减了不少。依靠这些资金，我们根本研发不出有竞争力的产品。”

财务经理说：“我是削减了你们的预算，但是你们要知道，公司的采购成本在上升，我们的流动资金没有多少了，公司面临很大的财务压力。”

采购经理忍不住跳了起来：“不错，我们的采购成本是上升了，可是，你们知道吗？菲律宾的一个锰矿被洪水淹没了，导致了特种钢的价格上升。”

大家说：“原来如此。这样说，这个月的业绩不好，主要责任不在我们啊，哈哈……”

最后，大家得出的结论是：应该由菲律宾的矿山承担责任。

公司的老板面对这种情景，无奈地苦笑道：“矿山被洪水淹了，这样说来，那我们只好去抱怨该死的洪水了？”

故事中的那些部门经理不但不承担自己的责任，积极主动地寻找解决办法，反而尽力找借口推脱。一旦所有的部门都形成了这种风气，就会造成整个团队的战斗力锐减。大家对公司的利益漠不关心，最终这个企业将走向没落，树倒猢狲散。公司和个人都要为这种推卸责任的恶习埋单。

实际上，任何借口都是在推卸责任。在责任和借口之间，选择责任还是选择借口，体现了一个人的生活和工作态度。在工作过程中，总是会遇到挫折，是迎难而上还是做一只把头埋在沙子里的鸵鸟？如果总是找借口推卸责任，就很难给自己带来不断进步的动力，即使工作上出了什么问题，你也不会从中吸取教训，学到东西。但是，有了机遇或者好的职位，同样也轮不到你。

在1968年墨西哥城奥运会马拉松比赛上，坦桑尼亚选手艾克瓦里吃力地跑进了奥运体育场，他是最后一名抵达终点的选手。

这场比赛的优胜者早就领了奖牌，庆祝胜利的典礼也早已经结束。因此，艾克瓦里一个人孤零零地抵达体育场时，整个体育场已经几乎空无一人。艾克瓦里的双腿沾满血污，绑着绷带，他努力地绕完体育场一圈，跑到终点。在体育场的一个角落，享誉国际的纪录片制作人格林斯潘远远地看着这一切。接着，在好奇心的驱使下，格林斯潘走了过去，问艾克瓦里，为什么这么吃力地跑至终点，为什么不放弃比赛呢？

这位来自坦桑尼亚的年轻人回答说：“我的国家从两万多公里之外送我来这里，不只是让我在这场比赛中起跑的，而是派我来完成这场比赛的。”

多么感人、质朴的话语。假如艾克瓦里中途放弃的话，没人会怪他，而且会有“第一次参赛，经验不足”、“状态不佳”的借口，坦桑尼亚人估计还会说他虽败犹荣……但是，他用实际行动向世人证明责任需要的是承担而不是借口。他以另一种方式赢得了全世界的尊重，这种尊重甚至超过了奥运会冠军。

在工作中遇到了问题，特别是难以解决的问题，可能让你懊恼万分。这时候，千万不要为自己找借口、推卸责任。借口找多了，人会疏于努力，不再设法争取成功，而把大量的时间和精力放在如何寻找一个合适的借口上。任何一个老板都欣赏勇于承担责任的员工，不喜欢什么事情都有借口的不负责任的人，找借口推卸责任只能让员工在职场的道路上走下坡路，最终沦为碌碌无为的庸才。

在工作中，无须任何借口，许多失败，就是那些一直麻痹着自己的借口导致的。迟到了就是迟到了；事情办砸了就是办砸了；项目失败了就是失败了，再好的借口也无济于事，再美丽的谎言也不过是不负责任的遮羞布。如果那些一天到晚总想着如何找借口的人，肯将一半的精力和创意负责任地用在工作上，他们一定能在职场上取得卓越的成就。

优秀的员工从不在工作中寻找任何借口，他们总是把每一项工作尽力做到超出客户的预期，最大限度地满足客户提出的要求，而不是寻找各种借口推诿；他们总是出色地完成上级安排的任务，替上级解决问题，而不是强调困难；他们总是尽全力配合同事的工作，对团队的责任从不找任何借口推脱或延迟。“没有借口”看似冷漠、缺乏人情味，但它却可以激发一个人最大的潜能。如果员工能够将找借口的创造力用于寻找解决问题的方法，情形也许会大为不同。

那些实现自己的目标，取得成功的人，并非有超凡的能力，而是有超凡的心态，他们从不找借口推卸责任，而是勇于承担，竭尽全力去圆满地完成任务。在现实中，职场上缺少的正是那种想尽办法去完成任务，而不是去寻找借口的人。工作之中不找任何借口，体现的是一种负责、敬业的精神，这种精神是所有企业和团队的宝贵财富。

不找借口推卸责任的人能积极抓住机遇，创造机遇，而不是一遭遇困境就退避三舍、寻找借口。想要在职场上获得成功，就必须改正把问题归咎于他人或者周围环境的习惯，停止寻找或高明或笨拙的借口，勇敢地担起自己的责任。在自己的岗位上，尽最大的努力把事情做好，一切后果自己承担，决不找借口，不推卸责任。如此，才能在职场这个战场上攻无不克，战无不胜。

2. 拒绝迟到的借口

惜时守时是中华民族的传统美德，也是一个人的基本道德品质，更是员工在职场上立足的最基本的职业素养。那么，何为惜时守时呢？即对时间惜之、珍之，严守约定，按时上班、按时赴约、按时参加会议等，不拖拉，不找借口，惜时守时是对工作尽职尽责的一个基本要求。

然而，很多人在工作中做不到惜时守时，他们经常挂在嘴上的是各种各样的借口："不好意思，路上堵车了，我迟到了"、"今天睡过头了"、"我记错时间了"，等等。对工作不守时既是对他人的不尊重，也是对自己的工作不负责任，要成就一项事业或者在职场上出人头地，做不到惜时守时是不行的。

托马斯·威廉是一家公司的业务员，他打电话给客户康纳德先生，约好第二天上午10点钟前去拜访，康纳德先生欣然答应了。第二天早上，威廉按照他预计的时间乘车前往康纳德先生的公司，这家公司在远离城市的一个小镇上，城市和小镇中间隔了一条河，威廉只能乘车到河边，然后步行去小镇。

来到河边时，一个好心的路人告诉威廉，他不能再往前走了，因为河面上那座桥前一天晚上坏了，很危险。威廉下了车，看了看桥，中间的确已经断开了一大截，人是过不去的。“附近还有别的桥吗？”威廉焦急地问。

路人回答说：“有，不过在河的上游，离这里3.5公里远。如果你现在赶过去的话，还需要40分钟的时间。”

威廉看了一眼表，已经九点半了。他计算了一下，如果现在去走上游那座桥的话，那么再到康纳德先生的公司就迟到了，怎么办呢？威廉环视了一下四周，看到一个伐木工人，他想到了一个办法，就是用圆木搭在桥上走过去。于是，他跟那位工人商量高价租赁他几根木头搭桥，过了桥之后就还给他。很快，伐木工人就把几根木头架在了桥上，威廉谢过伐木工人后，平安地过了桥，一路飞奔，终于在十点之前赶到了康纳德先生的公司。

由于某些原因，他们的生意当时并没有谈成，威廉也没有对康纳德先生提起自己为了按时赴约而租木头过河的经过。但是后来，康纳德先生无意中听人讲了此事，于是他主动打电话给威廉：“在我看来，对工作守时的人是非常值得信赖的，我愿意和您合作。您还有兴趣吗？”

就这样，康纳德先生成了托马斯·威廉的忠实客户。

优秀的员工之所以优秀，就归功于他们在工作上的守时，对时间的有效控制，从而变成了时间的主人。这样的人，很容易得到别人的好感和信赖，容易赢得更多的成功机会。现实生活中，很多成功的人都把严守时间当作工作的座右铭。他们认为，要干成一件事，没有严格的时间观念是不行的，为自己的不惜时、不守时找借口的人是不负责任的，当然也是不可信赖的。

惜时守时是有责任心的表现，为自己的不守时找借口，是很拙劣、很不负责任的行为，这种人很快就会失去同事或者合作伙伴的信赖，因为没有谁会愿意跟一个浪费自己时间的人打交道。这种没有责任心的人，办事不能让人放心，老板不会喜欢，客户不会喜欢，同事也不会喜欢的。试问，这种人在职场上怎么可能取得大的成就呢？

很多人上班迟到，“不好意思，路上堵车了”成为了那些不守时员工说得最多的话，因为在他们的意识里迟到一两次没事儿，将时间观念置之脑后。诚然，谁也不能保证预料之外的情况发生，但是不能为迟到寻找借口，不能为失职寻找理由。老板允许偶尔的特殊情况发生，但是他们不能容忍员工为自己找借口。这是对自己工作的不负责，这是在推卸自己本该承担的责任。如果给老板留下这样的印象，那就很难获得老板的认可和信任了。

卡内基大师曾说过：“如果你想结交好朋友，成为有影响力的人，就要做到准时。”的确如此，在工作上惜时守时的人总是容易取得老板、顾客以及同事等每一个人的好感和信赖。

在职场上奔波的人，要做到惜时守时并不是非常困难的事情，其实只要加强一点责任心就够了。不要再为自己的不守时寻找蹩脚的借口，要对自己负责、对工作负责，做到惜时守时，做个有担当的人。如此才能立足于激烈竞争的社会，做一个合格且成功的职业人。

3. 拒绝拖延工作的借口

在公司里，人们经常会听到同事这样说："今天任务很轻松，我先喝杯茶再做吧。""离下班还有三个小时呢，等会儿我再做也不迟。""报告不是周末才交吗？今天不用急。"这种拖延工作的借口乍听上去似乎没什么不妥，反正不耽误事就行了，细细思量，却根本不是这么回事。

时间管理专家皮尔斯曾这样说过："千万不要以为拖拖拉拉的习惯是无伤大局的，它是一个能使你的计划、抱负落空，破坏你的幸福甚至夺去你的生命的恶棍。"为拖延找借口的员工对于自己的工作缺乏必要的责任心，他们只是被动地完成任务而已：如果时间充裕，他们就会浪费；如果时间刚好或者稍微有点紧张，他们的工作就不能按时完成。他们早已为自己的懈怠找好了借口："等会儿再做好了。"殊不知，在你"等会儿"的时候，成功的机遇已经悄悄溜走，一去不回头了。

艾佳在一家网络公司做网站编辑，她很有才华和创新精神，但是她的效率也总是让人不敢恭维。在工作中，她总是拖拖拉拉，时常不能按时完成老板布置的工作任务，还总为自己的拖延找理由。

有一次，老板将新签约的一个产品宣传方案交给艾佳，并告诉她客户非常急切，要求必须在三天内完成。艾佳接过任务，心想还有三天时间，便将工作暂时放在一边，不急不慌地偷个菜，刷新下“围脖”，浏览一下团购网站看看有没有便宜货……

当艾佳玩了两三个小时，准备开始工作的时候，却被人力资源部门的领导叫去参加一个半天的培训班。等到培训结束回到办公室之后，艾佳不慌不忙地泡了杯咖啡，这才翻开了那个方案。不过，等到她心不在焉地准备着手时，她发现还有半个小时就下班了，于是她干脆停下来等着下班。她想：“不着急，等明天再做这项工作吧！”

第二天到了公司，艾佳想起好久没有玩以前的一款游戏了，先玩会儿再工作吧。就这样边玩边工作，很快一天的时间过去了，这时候方案完成了还不到一半。

第三天依然如此，正当艾佳玩得兴高采烈时，老板的电话来了：“艾佳，工作进行得怎么样啦？其他同事已经交任务了，你呢？”艾佳这才想起今天已经是第三天了，她以学习耽误了时间为借口，请老板不要着急，自己正在赶工，最终虽然完成了任务，但是后面的部分非常仓促，几乎是在应付。

最后这个方案被客户完全否定了，客户认为这个方案纯粹是在敷衍。为此，艾佳受到了老板的严厉批评和警告。

很多人跟艾佳一样，工作中没有紧迫感，经常不能按时完成任务，而且还特别喜欢为自己的拖延找借口：“手头的资料和信息不全啊，还是等到明天再开工吧！”其实，手头的资料足以完成任务的一半了，但是“今天”却被这个借口无情地否定了，好像今天不是工作时间，明天才是。

拖延，是一种很坏的工作习惯，为拖延找借口，更是不负责任的表现。没有责任心的人对工作敷衍应付，得过且过，能拖到明天做的事情绝不在今天着手，能下一分钟开始的事情，这一分钟绝不去想。这种人在接到任务以后，大脑里那个没有责任感的声音就会说："反正领导不着急要结果，等一会儿再做好了"，"先看完这半场球再做，反正耽误不了多少工夫"，"跟老王研究研究，商量商量再做吧"……就这样自己把自己给说服了，然后心安理得地去拖延，任它风吹浪打，我自岿然不动，把工作往后一拖再拖，白白浪费了大好时间。

带着拖延这种不负责任的念头工作，就像是自己给自己放了假。虽然人在岗位上，但是心已经去休息了，这样很容易降低工作效率，这种做法只会使我们把"现在"这个时段浪费掉。同时，经常不能按时完成任务，也会使人们对自己越来越失去信心，感觉工作压力越来越大，最终导致自己在职场上一败涂地。

很多人常常因为拖延时间而心生悔意，然而下一次又会习惯性地拖延下去。三番五次之后，就会视这种恶习为自然，以致漠视了它对工作的危害。今天把工作推到明天，明天把工作推到后天，许多成功的机会就在一而再，再而三的拖延中失去了。

如果你发现自己经常为了没完成某些工作而寻找各种借口，或是想出千百个理由来说服自己拖延也没关系，或者为没能如期实现计划而辩解，那么你已经是对自己和工作不负责任了，已经到了很危险的地步了，这时候一定要及时警醒，这样下去，你的成功只能是镜中花、水中月。

拖延是职场上影响人们成功的慢性却足以致命的毒药，是一种危险的恶习。拖延会侵蚀人的意志，消耗人的能量，阻碍人的潜能发挥。一旦遇事开始推脱，就很容易再次拖延，这样就常常会陷入一种恶性循环，拖延导致工作低效和情绪受到困扰，工作低效和情绪困扰又导致了继续拖延，直到变成一种根深蒂固的习惯。为此，人们常常苦恼、自责、悔恨，但又无法自拔，结果一事无成。

大家都知道，拖延并不能解决问题，大家也都不想拖延，给工作造成危害。但是很多人常常无意识地就为拖延找借口开脱，归根结底，还是因为责任心不够强。为拖延找借口，比拖延工作本身危害更大，一旦用这些愚蠢的借口说服了自己，就会觉得这种不负责任的拖延行为是无所谓的、正常的。如此下去，责任心就会像冰山一样一点点融化，最终完全丧失，到那时，即使还能在职场上勉强立足，也不过是苟延残喘罢了，成功会成为永远的可望而不可即的海市蜃楼。

所以，要想做个有责任心的人，要想成为一个在事业上取得瞩目成就的人，就要坚决把为拖延找借口的恶习消灭在萌芽状态！

4. 拒绝完不成任务的借口

有的人在工作中总是不能按时完成任务，若问其原因，他会理直气壮地给出理由："这太难了，一点办法都没有。""我能力有限，实在没办法。""唉，我太倒霉了，做点事情竟遇到麻烦了。"……总之，他们不是认为自己没有好的机遇，就是认为企业和老板没能给自己提供一个好的平台，或者动辄责怪他人，总觉得别人对不起自己。在他们看来，老板安排自己去做一个"不可能完成的任务"，根本就是跟自己过不去，上司责备自己事情办得不够完美漂亮，一定是妒忌自己的才能……

这些人其实都是没有担当的人，他们是在推卸自己的责任，为自己找借口。机遇不是别人给的，是靠自己去争取的；父母没让你成为"富二代"，但是却把你培养成人，你完全可以通过自己的努力走向成功；老板没给你好差事，上司认为你做得不够好，你有没有问过自己对工作是否尽职尽责了？

在职场上，没有人能随随便便成功，借口再多，也增加不了业绩，提升不了个人价值和能力，对工作中的责任不能勇于担当，而是一味寻找借口，不仅不能达成职场愿望，还会逐渐沦落为无人喜欢的办公室"害群之马"，会破坏整个团队的良好气氛，任何一位老板都不喜欢自己的团队里有这种人存在。

借口任务太困难是没有担当的表现，困难就像弹簧，你强它就弱，你弱它就强。当工作上遇到困难时，很多人不是想办法解决，而是习惯找“工作太难，一点也没有办法”的借口推脱自己的责任，安慰自己的畏难心理。这是典型的鸵鸟心态，不敢面对困难，不敢正视责任，这种人永远不能成为优秀的员工。

每个人都该对自己的工作负责。的确，在工作中会遇到很多困难，有时候甚至看似无解，但是面对困难，如果选择一味地逃避责任，不敢挑战自己，不敢迎难而上，是无法激发自己的潜力，取得大成就的。如果缺乏面对困难任务的责任心，就无法高质量地完成领导交付的任务，还会打消工作的积极性和创造性，对工作敷衍了事。这种做法，只能导致一个结果：工作做不好，得不到重用。

其实，很多时候困难是与机会为伴的。在工作中员工应该抱着负责的态度，充分认识到工作中各种困难的积极作用，把克服困难当成锻炼自己能力、促进自己发展的契机，这是彻底消灭“工作太难”借口的一个很重要的方法。

海尔集团首席执行官张瑞敏说得好：“不是因为有些事情难以做到，我们才失去了斗志，而是因为我们失去了斗志，那些事情才难以做到。”

带着责任心去工作，不是一句口号，而是一种务实的态度。怀着这样的心态做事，才能够对工作中的困难不逃避、不退缩，在困难面前才不会再找“这太难了，一点办法也没有”这样消极的借口。勇于承担自己的责任，才能够开动脑筋，想出更好的创意，发现别人难以发现的问题，做到别人难以做到的事情，进而让老板发现你的才能，最终实现自己的目标。

如果你总是逃避责任，遇到困难就找借口退避三舍，不敢承担，那么老板自然会认为你没有担当，这样一来晋升之路也就被自己堵死了。老板给员工安排工作，并不是天马行空，老板会参照员工的能力来确定任务，他不会给你一个远远超出你能力之外的任务，白白浪费人力物力的。既然让你去做，老板就觉得你能做好，即使有困难，通过你的努力也应该能够完成，因此，找借口逃避困难是不智的。试想：如果你是领导，一个连本职工作都要找借口逃避的人，你可能将重任交给他吗?

职场上的成功者不需要编造任何借口，因为他们面对困难能担当起责任，不怕迎接任何大的挑战，能勤奋努力地工作。如此，再难的工作任务也能完成。记住：没有过不去的坎儿，办法总比困难多，与其找借口逃避，不如想个办法再试一次，再坚持一下，也许成功之门就会为你开启。

5. 拒绝遇事便找借口的习惯

每个人都有自己的习惯，这种习惯会被不自觉地带到学习和工作中。比如，早上工作前习惯喝一杯咖啡，习惯把一些需要创意的工作任务安排到晚上，那时候灵感更多一些……这些习惯都是无关紧要的，只要不损害身体健康，可以更好地完成任务，就可以维持下去。然而，还有一种习惯，可以说是“陋习”，就不得不戒掉了，比如习惯给自己找借口。

职场中，喜欢找借口的人，不在少数。他们缺乏责任心，习惯为自己的不负责任寻找各种各样的理由。如果第一次利用某种借口，让老板原谅了自己的过错，或是为自己开脱了责任，他们会沉浸在这种暂时的“安全”之中。尝到了借口带来的“好处”，他们就会把这种行为延续到第二次、第三次中。久而久之，形成习惯。

寻找借口，是个消极的心理习惯。一旦借口成为习惯，只要出现问题或遇到困难就找借口，而不想着怎么解决问题。这种习惯会让责任心消失殆尽，让人在工作中毫无锐气和斗志，变得拖沓而没有效率，最终一事无成。

卡罗·道恩斯原是一家银行的职员，但他却主动放弃了这份职业，来到杜兰特的公司工作。当时杜兰特开了一家汽车公司，这家汽车公司就是后来享誉世界的通用汽车公司。

道恩斯在工作中尽职尽责，力求把每一件事情都做到完美。工作六个月后，道恩斯给杜兰特写了一封信。道恩斯在信中问了几个问题，其中最后一个问题是："我可否在更重要的职位从事更重要的工作？"

杜兰特对前几个问题没有作答，只就最后一个问题做了批示："现在任命你负责监督新厂机器的安装工作，但不保证升迁或加薪。"

杜兰特将施工的图纸交到道恩斯手里，要求他依图施工，把这项工作做好。道恩斯从未接受过任何这方面的训练，但他明白，这是个绝好的机会。虽然自己看不懂图纸，但是工作没有借口，困难再大也要完成，决不能轻易放弃。

道恩斯知道自己的专业技能不强，便自己花钱找到一些专业技术人员认真钻研图纸，又组织相关的施工人员，做了缜密的分析和研究。终于，他提前一个星期圆满完成了公司交给他的任务。

当道恩斯去向杜兰特汇报工作时，他突然发现紧傍杜兰特办公室的另一间办公室的门上方写着：卡罗·道恩斯总经理。杜兰特告诉他，他已经是公司的总经理了，而且年薪在原来的基础上在后面添了个零。

"给你那些图纸时，我知道你看不懂。但是我要看你如何处理。如果你随便找一个理由推掉这项工作，我可能会辞退你。我最欣赏你这种在工作中不找任何借口的人！"杜兰特对卡罗·道恩斯说。

靠着这种对工作不找任何借口、尽职尽责的态度，卡罗·道恩斯最终成为一名千万富翁。

很多企业都要求自己的员工做到：只为结果找方法，不为失败找理由。很显然，工作需要的是结果，是业绩，借口再多、再动听都不会对工作结果产生影响。一个优秀的员工对于工作绝不会找任何借口，面对工作，他们总是以极大的责任心去解决遇到的各种难题，"没有任何借口”是他们的行为准则。而那些习惯找借口的员工，永远都不会得到上司的信赖和尊重。

任何一个企业都希望自己的员工能够负责，而不是处处找借口。虽然，工作过程中会面临很多困难，但有责任心的员工总是具有强烈的责任心和必胜的信念，责任心促使他们在工作中能够发挥出自己的潜能，不会浪费时间，更不会错过任何机会，这样的员工在职场上必定能够走得更远，更成功。

在工作中，每个员工都应该抛弃找借口的习惯。与其浪费精力去寻找一个像样的借口，还不如多花时间去寻找解决方案。如果把精力专注于工作，相信就没有什么问题能够难倒你，圆满地完成了任务，那就更不需要找借口了。

不找任何借口，就可以没有私心杂念，全力以赴地做事；不找任何借口，就可以更好地挖掘自身的潜力，不断提高自己的能力；不找任何借口，专注于工作目标，工作效率就会更高；不找任何借口，勇于承担责任，就会得到更多人的欣赏，成功的机会也就更多。如果员工一开始就不找任何借口，对自己的工作尽职尽责，专注于如何解决问题而不是寻找借口，每次都竭尽全力完成好自己的任务，那么总有一天，会品尝到丰收的果实，在职场上更上一层楼。

在职场中打拼的人，千万不要养成寻找借口的恶习，这种习惯就像健康身体上发生癌变的毒瘤，它能逐渐侵蚀人的责任心，瓦解人的斗志，消磨人的锐气，最终使人走向平庸。养成这种习惯的员工，必将沦为办公室里让人鄙夷的配角，最终会被无情地淘汰。

在职场上不管做什么样的工作，如果想做出成绩，就应当保持一种负责的精神，用负责的态度去对待每一件事，脚踏实地去做，这样才能够赢得他人的尊重，为自己赢得尊严和机会。当你付出了这份责任心之后，工作自然会给你带来回报，你的付出和成绩会得到上司的肯定和鼓励，老板必将回报你的责任心。

勇敢地承担起责任，抛弃找借口的习惯，你就会在工作中学会大量的解决问题的技巧，不断地提升自己的个人价值，这样借口就会离你越来越远，而成功就会离你越来越近，最终梦想成真。

第四章

保持忠诚：有才华不忠诚，只会成为让老板不放心的员工

忠诚是人类最宝贵的品格，是最神圣不容玷污的。《出师表》中“鞠躬尽瘁，死而后已”体现了诸葛亮的忠诚；“先天下之忧而忧，后天下之乐而乐”体现了范仲淹的忠诚。勇敢坚韧的军人用热血诠释忠诚，职场中的我们，则需要一颗责任心去实践忠诚。

1. 忠诚胜于能力

当今社会经济飞速发展，职场竞争日趋激烈，人们在工作中都在不断地学习进步，以提高自己的能力、适应激烈的竞争环境，在职场上站稳脚跟。时代在变化，遇到的问题也在不断变化，人们的工作方法也会随之变化，能力也在不断提高，但是对工作的尽职尽责和忠诚是永远不能变的。

现代企业中，有远见的领导人在用人时第一看重的不是能力，而是个人的忠诚度。企业的用人要求是：忠诚第一，能力第二。能力可以通过培养获得，但是忠诚往往来源于员工个人尽职尽责的职业素质，这个是企业不容易掌控的。忠诚体现在工作上，就是一种对工作的责任心和使命感。因此，将忠诚作为企业用人的一个衡量标准，已经被广泛认可。如果说能力是企业发展的动力，那么忠诚就是企业生存的根本，不可或缺，忠诚比能力更重要。

某国际贸易公司业务部的业务员小刘，平时算得上是一个很有能力的人，他每个月都能拿到不少的订单。但是，有一次部门经理在计算业绩的时候漏掉了一份订单，致使漏发了小刘3000块钱的提成。后来，总经理知道这件事情以后，又补发给了他，但是小刘觉得部门经理是故意的，是妒忌他的能力。

因为这件事，他跟部门经理产生了激烈的冲突，并一直耿耿于怀。结果，他在这个公司里看谁都不顺眼了，对待工作也开始应付起来，甚至准备跳槽到竞争对手那里，以此来报复现在的公司。

为了向竞争对手邀功，小刘私下里把公司里重要的客户信息透露给了对方，还给对方提供了自己公司报给客户的底价。凭着小刘给对方提供的这些资料，竞争对手很快动用手段把公司的几个重要客户拉走了。公司里从老板到普通员工都非常着急，小刘却在为自己的阴谋得逞而窃喜。除了这些，他还匿名向当地的工商税务部门举报，抹黑公司的形象，虽然公司没有什么财务问题，但他这样做还是给公司的名誉带来了损害。

经过公司里同事们的观察，最后确定是小刘在背后捣鬼，给整个公司带来了很大的损失，总经理一怒之下差点要把他告上法庭，最后还是放了他一马，把他开除了事。

小刘虽然灰头土脸地走了，他还以为自己会受到竞争对手那家公司的重用，但是等到他主动找上门去，幻想着一去就能成为骨干的时候，却遭到了冷遇。对方明确地告诉他，像他这样不忠诚的员工公司是不会要的。一个员工如此对待老东家，新公司自然也担心他以后如法炮制，这样的员工就像一颗随时会爆炸的炸弹，谁知道什么时候，公司就会为他付出巨大的代价？

最后，小刘不仅没得到更好的工作岗位和机会，还落了个恩将仇报的骂名，当地同行业的公司都对他敬而远之，他最后没办法，只好去了外地，从头再来了。

小刘虽然很有能力，但是他对公司的责任心却敌不过那点小心眼儿，他的忠诚显然不足以让他恪守职业道德。他的能力，在不忠诚于公司的时候，产生了巨大的破坏力，给公司带来了巨大的损失。当然，他自己也没得到什么好处。

作为员工，我们要对自己的工作和岗位忠诚，对自己的企业和老板忠诚。一旦我们失去忠诚之心，就会违反道德准则，或者做出一些有悖于职业操守的事情，最终搬起石头砸自己的脚，受害者还是自己。忠诚胜于能力，只有对企业和团队忠诚的人，领导才会放心地把重要工作交给他，才能把重要的职位交给他，也才能为他提供更好的发展机会。如果一个人的忠诚度被人怀疑，别说会有好的职位在等着他，恐怕他连工作的机会都没有。

很多有才华、有能力的人在工作中忽略了忠诚，他们不明白为什么明明自己能够胜任岗位，做事也没有什么大的失误，那么长时间了，领导就是不提拔重用自己呢？

这些人也许在刚进入公司时，还是有很强的责任心的。然而，随着时光的流逝，他们的责任心不再保持，对公司的忠诚度也逐渐下降，他们的能力和才华仅仅被浪费在了应付工作上。失去了责任心和忠诚度，他们的能力和才华也很难百分之百地发挥出来。这是一件很可悲的事情，他们不懂得忠诚比能力更重要，老板需要他们忠诚的时候，他们却只剩下了能力。

忠诚是一种理智的职业生存方式，如果员工为了个人利益而置公司利益于脑后，经不起金钱的考验，辜负了企业的信任，无论他有多么非凡的能力和才华，领导都不会对他放心，更不会让他承担很大的责任。因为对于公司，不忠诚的人能力越大，所处的位置越重要，他的不忠对公司造成的危害就越大。这种人肯定是需要领导严加防范的，一旦出现工作失误，老板就会毫不犹豫地辞退他，他想要在职场上获得大的成就就很难了。

那些对公司忠诚的员工，往往有着良好的心态和高度的责任心，他们不会去做不利于公司和老板的事情。哪怕他们的工作普通，职位低下，哪怕他们没什么能力，但是他们会抱着忠诚的态度，脚踏实地地投入到工作中去，尽到自己的职责。这样的人，就像是默默无闻的“老黄牛”，只要对公司忠诚，竭尽全力为公司出力，公司是不会亏待他的。

2. 保守公司的秘密

说起战争年代那些出卖自己国家和同胞的“叛徒”、“汉奸”，大家无不牙根发痒，恨不得食其肉，饮其血。正是他们把我们的秘密透露给敌人，才使得敌寇长驱直入，造成国土沦丧，人民流离失所，人们恨之甚于恨敌人。

在职场上，这种出卖自己公司机密的人也同样让人痛恨。虽然他们给公司造成的危害是经济财产上的，但是从本质上来讲，这种出卖公司秘密的不忠行为，跟战争年代的“叛徒”、“汉奸”毫无二致，势必会遭人唾弃和鄙视。

克里丹·斯特曾经担任美国一家电子公司的工程师，他对工作一直兢兢业业，干得非常出色。但是，由于他所在的这家公司资金不是很雄厚，规模比较小，因而时刻面临着实力较强的比利孚电子公司的压力，处境很艰难。

有一天，比利孚电子公司的技术部经理邀请克里丹共进晚餐。饭桌上，这位经理向克里丹建议，只要他把公司里最新产品的数据资料拿一份出来，这位经理就给他很高的回报。

没想到一向温和的克里丹听到这话之后非常愤怒：“不要再说了！我们公司虽然规模不大，处境也不好，但我绝不会出卖自己的良心做这种见不得人的事，任何一位恪守职业道德的人都不会答应你这种要求的！”

“好，好，好。”这位经理见了克里丹这种反应，不但没生气，反而接连说了三个“好”字，他颇为欣赏地拍了拍克里丹的肩膀，“好了，不要生气了，这事就当我没说过。来，干杯！”

不久以后，克里丹所在的公司因经营不善而破产。克里丹也随之失业了，虽然他不停地寻找着就业机会，可一时很难找到合适的工作。于是，他只好焦虑地等待着。可是没过几天，克里丹竟意外地接到比利孚公司总裁的电话，让他去一趟比利孚电子公司。

克里丹百思不得其解，不知这家实力雄厚的昔日对手找他有什么事。他疑惑地来到比利孚公司，比利孚公司的总裁以出乎意料的热情接待了他，并且拿出一张非常正规的聘书，原来他们要聘请克里丹做“技术部经理”。

克里丹非常惊讶，他很疑惑，他们这家公司效益很好，公司内部人才济济，为什么偏偏选中了他呢？总裁告诉克里丹，公司原来的技术部经理退休了，他向自己说起了那件事，并特别推荐了克里丹接替他的工作。最后，总裁哈哈一笑，说：“小伙子，你的技术是出了名的优秀，但这不是让你担任这个重要职位的主要原因，你的忠诚才是让我佩服的原因，你是值得我信任的那种人！”

克里丹一下子明白过来了，原来是自己对原公司的忠诚，自己恪守职业道德的品质，为自己带来了这个难得的机遇。后来，他凭着自己的不断努力，一步一步成为了一名一流的职业经理人。

李嘉诚曾经说：“做事先做人，一个人无论成就多大的事业，人品永远是第一位的，而人品的第一要素就是忠诚。”对公司忠诚的人，他会自觉维护公司的利益，绝不会出卖公司的任何商业机密，这也是一个忠诚的人最起码的标准，是一个职场中人最基本的职业道德。如果员工连保守公司秘密这个最基本的职业道德都不能恪守，那么他不仅谈不上会有多大的发展，就连职场上的立足之地都会失去。

有些人时时刻刻惦记着自己的利益，工作只不过是他们用来谋求利益的手段。在他们眼里，公司的利益和自己毫无关联。这样的人，既不忠于公司，也不忠于工作。只要眼下出现更好的机会，他们就会毫不犹豫地抛弃公司，抛弃自己的工作。更有甚者，这些人为了一时的利益，竟会出卖公司的机密，这也是一种最愚蠢的行为。

泄露公司机密，不仅是一种背叛公司的行为，更是一种背叛自己的行为。在出卖忠诚的同时，也出卖了自己的职业道德，对于这种人来说，他靠出卖忠诚来换取利益，但是忠诚是无价的，他把自己“贱卖”掉以后，在职场上就没有什么身价了。这种行为只能使他名誉扫地，不但在原公司中无法立足，任何一个有理智的老板也不会养虎为患，收留这种人的。最终，他将失去自己最大的利益：实现自己人生价值的机会。

有一位才华出众的年轻人，先在某知名大学修了法律课程，又在另一知名大学修了工程管理课程。这样优秀的人才，理应工作顺利，前途无量。可是，事实并非如此，他反而上了多家企业的黑名单，成为这些企业永不录用的对象。

原来，他毕业后，去了一家研究所，参与研发了一项重要技术。接着就跳槽到一家私企，并以出让那项技术为代价做了公司的副总。不到三年，他又带着公司机密跳槽了。

就这样，他先后背叛了好几家公司，许多大公司得知他的品行后都不敢用他。怕哪天又被他给出卖了。如今，他已经被多个企业列入了黑名单，惶惶如丧家之犬。

在职场中，人们更是奉“忠诚”为衡量员工品质的首要标准。如果说智慧和经验是金子，那么比金子更珍贵的则是忠诚。在一项对世界著名企业家的调查中，当被问到“您认为员工最应该具备的品质是什么？”时，他们几乎无一例外地选择了忠诚。保守秘密，是员工的基本行为准则，也是成就员工自身人生价值的需要。

从古到今，没有谁不需要忠诚。皇帝需要他的臣民忠诚，领导需要他的下属忠诚，夫妻、朋友之间都需要对方忠诚。在职场上，机密关系到企业的成败，关系到公司的利益和声誉，作为一名合格的员工，一定要恪守自己的职业道德，对公司的秘密做到守口如瓶。严守公司秘密，是员工取得老板信任的重要一环。

对公司忠诚，还要时刻提醒自己，防止自己在无意中泄露公司的秘密。如果保密思想不强，说话随便，那么就很容易说出不该说的话，从而造成泄密。当今社会，信息就是利益，不经意地泄密，就很可能使公司处于被动，甚至会给企业造成极大的损失，造成不可挽回的影响。所以，下属一定要处处以企业利益为重，处处严格要求自己，做到慎之又慎，这才是员工对工作和公司的一种负责任的态度。

职场是个诱惑颇多的地方，所以那些能够守护忠诚的人就更显得珍贵。作为一名员工，你时刻都要牢记：叛徒是没有好下场的。只要你是公司的一员，就有职责为公司保密。恪守你的职业道德，也必将给你带来长久丰厚的回报。

3. 忠诚是企业提拔员工的首要条件

在职场上，我们经常会听到这样的抱怨：

“小孙才来公司两年，我都来了五年了，为什么提拔他做部门经理而不是我呢？”

“平时我跟老王干差不多的工作，怎么老板一下子把他安排到重要位置上，而我还是个小职员呢？”

……

企业和老板在用人时绝不是仅仅看重个人能力，而是更看重个人品质，而品质中最关键的就是忠诚。在职场上，有能力的人比比皆是，只有那种既有能力又忠诚的人，才是每一个企业和老板渴求的理想人才，也只有这样的人才能赢得老板的信任。

老板提拔任何一位员工都是经过深思熟虑和细致考察的。遇到提拔他人而不是自己的时候，抱怨于事无补，这时候，首先要反思一下自己在哪方面出了问题，尤其要省视自己对公司的忠诚度上存在的问题。

每一位老板在提拔下属的时候，优先考虑的总是那些忠诚的员工，其次才会考虑员工的能力。换句话说，老板提拔人才时，是从忠诚的员工里面挑选能力强的，没有忠诚度的员工，根本就得不到老板的信任，更没有被提拔的机会。

田伟军是一名退伍军人，几年前经人介绍，来到了一家电器工厂做仓库管理员。

虽然他的工作并不繁重，无非就是平时开关大门，做做来人登记，下班的时候关好门窗，平时转悠一下看看有没有安全隐患，注意防火防盗等。然而，田伟军却沿袭了部队里的良好传统，做得非常认真，一丝不苟。

除了本职工作，他一有时间就整理仓库，将货物按区域分门别类地摆放得整整齐齐，使工人入库存货的时候非常方便，并且每天都对仓库的各个角落进行打扫清理，一点儿都闲不住。

田伟军担任仓库管理员五年以来，仓库一直井井有条，也没有发生一起失火失盗事件，工作人员在提货时都能在最短的时间内找到所需的货物，大大提高了工作效率。在工厂建厂50周年的庆功庆典大会上，老板按10年以上老员工的待遇，亲自为田伟军颁发了2万元奖金。很多老职工都不理解，“为什么田伟军才来厂里5年，就能够得到如此高的待遇呢？”

对于很多人的疑惑，老板给出了解释：“在田伟军来到以后的5年里，仓库没有出现一次哪怕是很小的事故，相对于以前三天一小事，五天一大事的情况来说简直有天壤之别。而且其他员工到仓库里入库或出库的时候也可以看到跟以前的区别，作为一名普通的仓库管理员，田伟军能够做到五年如一日地不出任何差错，而且积极配合其他工作人员的工作，对自己的岗位忠于职守，以自己的尽职尽责表达对公司的忠诚，这些都是非常可贵的。”

最后，老板说：“你们知道我这五年中每次检查仓库有过几次不满意吗？一次没有！鉴于田伟军对公司和岗位的忠于职守，我觉得授予他这个奖励天经地义！”

任何一位老板，都是宁愿信任一个能力一般但忠诚度高、敬业精神强的人，也不愿重用一个朝三暮四、视忠诚为无物的人，哪怕他能力出众。在企业中，员工与老板的关系，就像一个个“同心圆”，圆心是老板，而员工分布于离“圆心”不同距离的圆内，忠诚度越高的人，离“圆心”越近，而忠诚度越低的人，则离“圆心”越远，也就是说忠诚度决定了一个人和老板距离的远近，决定了受老板信任的程度。

忠诚的人即使能力不是特别卓越，也会受到老板的重视，公司也会乐意在这种人身上投资，给他们培训提高的机会，帮助他们提高自身的能力和才干，因为这种员工是值得公司信赖和培养的。因此，每一名员工都要有忠于企业的思想。

从前，有一位伟大的国王，统治着幅员辽阔的疆土，可惜他没有子嗣。为了继承人的问题他绞尽了脑汁，后来他终于想到了一个办法。

国王召集了全国的男孩子，给他们每人发了一粒种子，并且告诉他们：等到来年春天的时候，谁种出的花儿最漂亮，就把王位传给谁。

男孩们都欢天喜地地领回了种子。有一个小男孩，回家按季节把种子种到花盆里以后，每天小心翼翼地照顾它，按时浇水、施肥。他十分期待自己的花儿是最漂亮的。可是，让他失望的是，随着日子一天天地过去，他的种子丝毫没有发芽的迹象。到了开花的季节，看着光秃秃的花盆，他沮丧极了。

国王挑选最漂亮的花儿的日子到了，全国的小朋友们都来了，人人捧着开着鲜艳美丽花朵的花盆。有高贵典雅的牡丹，有浓郁芳香的玫瑰……那个没有种出花来的小男孩羞愧地躲在后面，端着那个光秃秃的花盆。

没想到，国王没有理会那些种出漂亮花朵的孩子。他径直走到小男孩面前，告诉他，自己决定把国王的位子传给他。人们都惊讶极了。这时，国王说：“我给你们的花种都是煮熟了的，根本不可能发芽开花。只有这个小男孩没有欺骗我，忠诚于我的指示，用心地栽培这粒不能开花的种子。把王位交给这样的人，我很放心。”

这个故事告诉我们，在企业里，重要的位置是不可能交给一个毫无忠诚可言的员工的。忠诚是职场上一个人最好的品牌，同时也是最值得重视的职场美德，是每名员工都应该具备的素质。忠诚决定了这个员工在企业中的重要地位，这样的员工必将赢得老板的重视和信赖。空有一身技能，但是对企业没有足够忠诚度的人，他们的职业生涯可能是从一个新手变成一个熟练的技师，或者从2000块工资拿到5000块，但很难成为企业的核心人员，很难成为职场上的精英。

要想赢得老板信任，对企业和老板忠诚就是最好的方法。忠诚的员工在企业生死存亡之时，可以与企业共渡难关，是企业生存的命脉；而在企业稳步发展之时，忠诚的员工可以得到老板的信赖，从而委以重任。我们每一个人，都应该做一名忠诚的员工，和老板一起乘风破浪、共创辉煌！

4. 如何实践忠诚

很多人虽然明白忠诚对公司发展和个人前途的重要性，但是却不知道怎样才算忠诚，没有人来向他打听公司的机密，也没有人暗中拉拢他跳槽，自然也就没有机会拒绝别人的这些小动作。那么，是否这样就无法实践自己对工作和公司的忠诚了呢？

很显然不是的，忠诚就是要对工作尽职尽责。在职场上，我们的忠诚是用敬业来实践的。

有些人也许觉得自己只不过工作不是特别认真而已，算不上不忠诚，其实不然。一个对待工作不够认真的员工，其忠诚度本身就值得怀疑。因为忠诚是敬业的基础，只有忠诚，才能激发出员工对工作的责任感和使命感，从而用尽职尽责的敬业心态对待自己的工作。

所以说，忠诚的员工是那些对待自己的工作有敬业精神的员工，忠诚的员工会在自己的岗位上兢兢业业、尽职尽责地工作，他们用敬业来实践自己的忠诚。如果一个人真的忠于职守，忠诚于自己的工作和公司，那么他又怎么可能不敬业呢？

一个下雨天，韩国现代汽车公司的一位员工，在下班回家的路上发现一辆他们公司生产的轿车的雨刮器失灵了，车主正在冒雨修理。车主可能不太懂，在摆弄了一会儿之后，就跑到一旁去打电话，估计是想找人来帮忙。

此时，对公司的忠诚感和责任感促使这位员工没有对这一情况无动于衷，他主动走了过去，从自己车上的工具箱中拿出工具，冒着大雨开始对轿车的雨刮器进行修理。

当轿车的主人返回时，发现有人在全神贯注地帮助自己修理车子，非常感动。经过交谈，他了解到这位热心帮忙的人正是现代汽车公司的员工，如此敬业的员工他还是第一次遇到。

没过多长时间，这位员工就把轿车的雨刮器修好了，车主万分感激并一再要付钱来感谢他，却被婉言谢绝了。这位员工不仅义务为他修好了车子，还一再为自己公司生产的汽车给他造成了不便而抱歉。他的这种敬业精神深深打动了车主，让他对现代汽车公司产生了浓厚的感情，并积极推荐自己的朋友购买现代汽车，成了现代汽车的义务宣传员。

韩国现代汽车公司的这名普通员工，对待自己的工作和公司非常有责任感和使命感，而这种责任感和使命感让他时时刻刻为维护现代公司的形象而努力。在他工作时间之外，在他岗位责任之外，能够主动去维护公司的利益。这样的员工，可以想见他在平时的工作中也一定是非常敬业的。

他的这种敬业精神，源自于他对现代公司的忠诚，而他冒雨修车的表现，正是他用敬业实践自己忠诚的真实写照。一个忠诚的员工会时时处处为公司着想，用他的敬业精神维护公司的利益。这样的员工才是忠诚的员工；这样的员工，才是无可挑剔的员工。任何企业，都会渴望拥有这样的员工，也不会吝啬于给这样的员工以相应的回报的。

平凡的岗位、简单重复的工作、微薄的薪水、日复一日的付出……很容易让人失去刚参加工作时那种跃跃欲试的饱满激情和对工作的责任感和使命感，他们会习惯性地产生厌倦，对待工作不再尽职尽责，不再严格要求自己对公司忠诚，变得浮躁而好高骛远。

也许他们认为，只有自己非常喜欢或者是轻松加高薪的工作，才值得去热爱，这样的工作才能倾注自己的忠诚和敬业，才能吸引自己付出更多的努力。然而，他们不知道，在一个公司中，虽然工作有分工，岗位有不同，但责任无大小、无轻重。公司的每一位员工都有责任为公司利益着想，有责任维护好公司的利益。而且越是平凡的工作越能考验一个人对待工作的忠诚度和敬业心，于细微处往往更能考察一个人的责任感。

忠诚体现在平时的工作上就是敬业，敬业不是对工作得过且过地应付，而是要从心底里热爱自己的工作，并任劳任怨地为它全力以赴地付出。忠诚于工作和公司并不是用嘴说说就行的，它需要员工用敬业精神来付诸行动。在日常工作中，踏踏实实地敬业就是实践忠诚的最佳途径。

忠诚的人从来不会怀才不遇，他们在任何岗位上都能够兢兢业业地对待工作，用敬业实践着自己的忠诚，体现着自己的价值。是金子总会发光的，忠诚敬业的员工也一定会在竞争激烈的职场上脱颖而出。

忠诚是员工敬业工作的内在动力，只有忠诚于自己公司的员工，才会兢兢业业、尽职尽责，才会精益求精、追求完美；只有忠诚，员工才会把敬业作为自己工作的准绳，才能为企业创造出更大的效益。从这个意义上来讲，忠诚永远是企业生存和发展的精神支柱，是企业的立足之本。对公司忠诚就是要有敬业精神，尽职尽责地工作。

不仅如此，敬业还能够让员工的才华有一个施展的天地，也才有权利享受公司给自己带来的利益。忠诚、敬业的人能从工作中学到比别人更多的经验，而这些经验是他们提升自己能力的宝贵助力。忠诚能够使人敬业，而敬业精神又能够使人更容易成功，这就是忠诚的力量。无论在何时，员工只要忠诚地对待公司，用敬业精神对待自己的工作，那么即使你的能力一般，也能赢得公司的尊重和认可，获得更多的回报。

成功的精髓在于敬业，敬业源自忠诚的召唤，而卓越的成就需要敬业来造就。敬业是实践我们忠诚的方式，也是我们实现成功梦想的重要途径。因此，我们在职场上，需要认认真真地对待自己的工作，忠于自己的工作和公司，用敬业精神实践我们的忠诚，提升自己的个人价值。

5. 工作忠诚度的外在表现

在职场上，总有一些员工不安于自己的岗位，对待工作挑三拣四，喜欢找那些简单轻松的工作来做，却将那些复杂困难的工作留给别人。他们并不是做不了，而是不愿意去做，这种做法很明显不是工作能力的问题，而是工作态度的问题，说到底这还是对自己的工作忠诚度不高的一种外在表现。

对待任何工作岗位都要做到忠于职守、尽职尽责。在职场中，企业最欣赏的就是那些能用务实的态度来坚守自己的岗位并能脚踏实地对待工作的员工。对于老板来说，这样尽职尽责、忠于职守的员工是一笔最宝贵的财富，是推动企业不断发展壮大的中坚力量，他们愿意给予这些员工更广阔的发展空间和更多的晋升机会。

一个寒风呼啸的傍晚，一身戎装的约克中士正急匆匆地赶路。当他经过一座美丽的公园时，一个神色焦虑的中年人拦住了他的去路，“对不起了，先生，请问您是位军人吗？”

约克中士愣了一下，然后他回答道：“噢，是的。请问我能够为您做些什么吗？”他以为发生了什么严重的事情，这位中年人才向他寻求帮助。

这个人向他解释说，自己一直在等军人路过这座公园。因为，这个人刚才在公园里游玩时，看到一个小男孩一直在哭，就问他为什么不回家？结果那个小男孩说，他跟一群孩子玩站岗的游戏，他演一位站岗的士兵，没有命令是不能离开岗位的。但是天已经快黑了，公园也要关门了，还是没有人来命令他停止站岗。于是，他就一直在那儿等着。

约克中士不解地问道："天马上就要黑了，还刮着大风，他为什么不直接回家呢？和他一起玩的那些孩子呢？"

那个中年人告诉约克，现在公园里空荡荡的，和他一起玩的那些孩子大概都回家了。自己劝说那个孩子回家，但是那个孩子说，站岗是他的责任，他要坚守岗位，没有命令不能回家。中年人这才想起要找一位军人帮忙。

于是，约克中士和这个人一起来到公园，看到了那个坚守岗位的小男孩。约克中士走过去，敬了一个军礼，说道："你好，下士先生，我是约克中士。我现在命令你结束站岗，立刻回家。"

"是，中士先生。"小男孩高兴地说，然后向约克中士敬了一个不太标准的军礼，撒腿就跑了。

约克中士对这位中年人说："他是一个称职的军人，很值得我学习。"

坚守自己的岗位，做好本职工作，是一个人最基本的职业道德，也是最起码的职场标准。无论你是领导还是普通员工，无论你是学富五车的大学教授还是目不识丁的农民，无论你是将军还是士兵，只有尽善尽美地完成本职工作，才算是称职。

这位小男孩的站岗"工作"原本是个游戏而已，甚至可以说是没有什么实际意义的，但他却坚持接到离开命令才肯回家，哪怕和他一起玩这个游戏，命令他站岗的小伙伴把他给忘了。这种坚守岗位、尽职尽责的精神，令人尊敬和感动。试问：假如你是老板，这样的员工你能不喜欢吗？

在企业中，总有一些岗位是大部分人不喜欢去做的，这些岗位要么是脏、累、差的体力劳动，要么是技术含量低的重复性工作，还可能是难度系数太大的“硬骨头”。对这样的工作，很多人都是避之唯恐不及。但工作总要有人来做，因此当这种任务落到一些人头上时，他们就非常不情愿地去应付了事，而不是本着尽职尽责、忠于职守的态度去尽心尽力地完成。

任何一个公司里的工作都是有轻重缓急、简单复杂之分的，假如遇到不喜欢的工作就没有人去做了，那么这个工作怎么才能完成呢？这个时候，如果领导把任务交给了某个员工，那么这项工作就是必须要做的，既然如此，何不忠于职守，尽职尽责地把它做好呢？

无论做什么工作，我们都应该尽职尽责，忠于自己的职守，用心做好每一件工作。要知道，你把忠诚和责任花在什么地方，你就会在那里看到成绩。尽职尽责、忠于职守，你的行为就会受到上司的赞赏和鼓励，就能在平凡之中孕育出伟大。

有时候老板让你做一些小事，其实是为了锻炼你做大事的能力。让你在苦、累、难的岗位上摸爬滚打，是为了考察你有没有尽职尽责、忠于职守的优秀品质，这才是领导的初衷。那些能够服从工作分配、忠于职守、尽职尽责的员工会给领导留下顾全大局、能吃苦耐劳、扎实用心的印象，从而为自己的升迁之路奠定坚实的基础。

忠诚的员工不会因为工作岗位的不同而采取不同的工作态度，无论困难还是容易，复杂还是简单，他们都会用同样的忠诚和责任感去面对。忠诚决定着员工的工作态度，一个对工作岗位做不到忠于职守，面对困难就退缩的员工如何能得到企业的信任呢？同样，一个只会做简单容易工作，从来都不敢挑战困难的员工也不可能取得真正的成功。老板怎么可能对这样的员工委以重任呢？

事实上，如果要想在职场上获得发展的机会，就不能急功近利、过于浮躁，要踏踏实实做好现在的工作，即使是普通平凡的工作也要全心全意付出，忠于自己的工作岗位，在工作中不断积累自己的经验，提升自己的能力，增长自己的学识，为自己以后在职场上的飞跃积蓄力量。

第五章

确保结果：以“做成事”为执行的最终导向

不求最好，但求最累，没有功劳，也有苦劳的时代已经过去，一个真正有责任心的人，就必须要追求结果，没有收获的付出是无谓的付出，没有结果的工作是无效的工作。工作中，如果老板让我们挖一口井，那么我们就要挖出水，没有水，挖得再好再深也只是一个坑，我们还是没水喝。因此，工作中必须要以“做成事、有结果”为导向，真正做到对结果负责。

1. 一分失误导致百分工作无效

在工作中，我们常常会听到这样的说法：“我是个新手，把活儿做成这样就不错了。”“这套模具加工完成后，跟图纸要求的误差很小，也算可以了。”“今天加工了300个零件，才出了10个次品，在车间里我是技术最高的了，哈哈！”

在数学上，如果100分是满分，那么差一分就是99，这也是响当当的高分了；但是在工作中，有时候仅仅差一分结果却等于0。在客户服务中有这样一个公式：99%的努力+1%的失误=0%的满意度。也就是说，纵然你付出99%的努力去服务于客户，去赢得客户的满意，但只要有1%的失误，就会令客户产生不满；如果这1%的失误，正是客户极为重视的，就会使你前功尽弃，以往99%的努力将付诸东流，最终失去这个客户。

99%不等于完美，企业要想在商场上无往不利，个人要想在职场上脱颖而出，就不能满足于99%，不能忽略那个看起来微不足道的1%。这个1%，或许正是平庸与精英、失败与成功之间的根本区别。

摩托罗拉公司历来非常注重产品的质量，力求使自己的产品达到零缺陷。为此，公司派出了很多考察小组，学习各个工厂的先进经验，并且雇用了一批专门“吹毛求疵”的人来对产品质量进行严格把关，结果使产品合格率达到了99%以上，很多人都觉得可以了，但摩托罗拉高层仍不满意，他们继续想办法提高。

后来，公司高层给所有的摩托罗拉员工都发了一张小卡片，上面标示着公司的新目标：今后公司所生产的手持设备的合格率要达到99.997%。包括他们公司的某些员工在内，很多人认为这是一个不可能完成的任务。

为此，公司专门制作了一盒录像带，解释为什么99%的合格率仍然达不到要求。录像带里说明，在美国，如果每个人都满足于自己的工作成果达到99%的要求，而不是追求更高，那么：

每年大约会有11.45万双不成对的鞋被船运走；

每年大约会有25077份文件被美国税务局弄错或弄丢；

每年大约会有2万个处方被误开；

每天大约将有3056份《华尔街日报》内容残缺不全；

每天大约会有12个新生儿被错交到其他婴儿的父母手中。

更严重的是，如果是对于将性命托付给摩托罗拉无线电话的警察而言，1％的产品缺陷率也许恰恰是致命的危害。

摩托罗拉人都被深深震撼了，他们带着强烈的责任感继续努力地工作着，终于超越了这个接近完美的99％。高品质的产品还使得摩托罗拉减掉了昂贵的零件修复与替换费用，仅此一项就节省了数额庞大的资金。

后来，摩托罗拉还获得了一个在美国企业界深孚众望、含金量巨大的奖项——美国国家品质奖，对于这个奖项，摩托罗拉实至名归。

不论是个人还是企业，如果满足于99%的工作成绩，那么就会把自己放在一个看似很美实际上却很危险的境地里，那个被忽略的1%，也许正是压垮骆驼的最后一根稻草。只有不满足于99%，才能激发出更大的潜力，才是真正对工作结果负责任。

摩托罗拉在产品合格率达到99％的时候，没有满足，而是提出了更高的目标。摩托罗拉人用自己的责任感和使命感造福了社会，同时自己也获得了丰厚的回报。

工作上每个人的岗位虽然有所不同，职责也有所差别，但任何工作对责任和工作结果的要求都是一样的。每个老板也都希望自己的员工能够把工作做到完美，而不是躺在99%的功劳簿上睡大觉，1%的差距绝不是一步之遥，而是发展与没落的分水岭。那些卓越的精英与普通员工之间的差别，往往就在于这个微不足道的1%，他们绝不会满足于把工作做到99%，他们追求的是完美无缺的工作结果，是最大化的工作业绩。

第二次世界大战中期，美国伞兵在战争中扮演了重要角色。当时，为了提高降落伞的安全性，美国空军军方要求降落伞制造商必须保证100％的产品合格率。但是降落伞制造商一再强调对于工业产品来说，99.9%的合格率已经够好了，任何产品也不可能达到100％，除非这项工作由上帝来干。

军方非常愤怒，因为0.1%的缺陷率就等于说，每1000个士兵中就有可能有1个士兵为此付出生命代价，这对数量庞大的美国伞兵而言，意味着大量鲜活生命的消失。于是，在交涉不成功的情况下，美国军方决定从每一周交货的降落伞中随机挑出一个，让降落伞制造商负责人穿上，亲自从飞机上跳下，来检查产品质量。

奇迹发生了，降落伞的合格率竟然突破了那个微小的0.1%，达到了100%。

只有在体会到了切实的生命威胁之后，厂商才终于意识到100％合格率的重要性，才激发出真正的责任感，从而创造了奇迹。

不怕做不到，就怕想不到，或者虽然想到了但是没有足够的责任感，而不去做。毋庸置疑，满足于99％的工作态度，经常会使工作中的诸多努力化为乌有，导致失败。这与完美的工作结果之间隔着一条巨大的鸿沟。只有对待工作永不止步，追求完美，才是真正负责任的态度；也只有拥有这样的责任感，我们才能最大限度地激发自己的潜能，突破自己的瓶颈，使自己的能力和业绩更上一层楼。

那些以做到99％为满足的员工，他们的责任心是远远不够的，不能把任务做到完美，也就不会得到老板完全的肯定和信任，也绝不会有太大的成就。其实，很多人距离成功只有一步之遥，总过不去1％这个坎儿，就总是山重水复。只有真正做到对结果负责，把工作做到完美，才能在职场的转角处，见到柳暗花明。

2. 让问题到此为止

美国总统杜鲁门是个对工作要求很高的人，他在办公桌上贴了一张纸条，上面写着“Book of stop here”。在美国拓荒时代，有个传水桶的活动，水源离用水地有一定的距离，需要靠传递水桶来运水。后来人们就把这种传递引申为“把麻烦传给别人”。而“Book of stop here”翻译成中文就是“问题到此为止”，这就意味着，我来承担责任，我来解决问题。

责任感是一个人不可缺少的职业精神，而责任的核心就是解决问题。大多数情况下，人们乐于解决那些比较容易的事情，而把那些有难度的事情推给别人，这就是对自己的工作不负责任。要做一个真正负责任的员工，就要让问题到你这里终结。

一个人在职场中的价值体现在他解决问题的能力上。一个责任感强的员工，是为公司和老板解决问题而存在的，而不是面对问题束手无策，关键时刻掉链子、吃闲饭的。

李嘉诚先是在茶楼做跑堂的伙计，后来应聘到一家企业当推销员。他认为，一个推销人员最重要的就是不论遇到什么困难，都要千方百计地把产品推销出去。

起先，他推销的产品是镀锌铁桶。当时，这是个竞争激烈的行业，绝大多数推销员都紧盯着那些小杂货铺，为了增加业绩绞尽了脑汁却收效不大。李嘉诚没有被困难吓倒，他以极大的责任心激励自己开拓思路，终于想出了办法：把推销重点放在大酒店和中低收入阶层的家庭之中。直接向大酒店推销可以使这些酒店节约成本，而且送货上门的服务也省了他们很多麻烦。因此，他很快拿下了这个市场。对于那些中低收入家庭，他独辟蹊径地专门向那些老太太推销。因为老太太喜欢串门唠家常，只要有一个买了，她们就会自动宣传，拉一群人来买。果然，这一方式也取得了巨大的成功。

后来，李嘉诚改销塑料产品，仍然把解决问题当作自己的核心责任。

有一次，李嘉诚去写字楼推销一种新式塑料洒水器，一连走了好几家都无人问津。他没有向老板诉说这份工作是多么困难，而是更加积极地动脑筋想办法去解决问题。

后来他到一家办公大楼的时候，恰好遇到清洁工正在打扫卫生，他看到楼道里有些灰尘很不容易清理，于是灵机一动，没有直接去推销产品，而是用自己的洒水器主动帮清洁工把水洒在楼道里。

经他这样一洒，原来脏兮兮的楼道，一下变得干净了许多。这一做法，无声地宣传了自己的产品，起到了很好的效果，结果引起了采购人员的兴趣，一下子向他采购了十多台洒水器。

后来老板在考察他的推销业绩时发现，他的业绩竟然是第二名的七倍！

任何人的成功都不是偶然的，在成功光鲜的表面背后，他们自有其成功所必需的职业素质。就像李嘉诚一样，这些成功的人能够做出不同寻常的成绩，是因为他们对工作充满责任感，对自己严格要求，遇到困难不推脱不畏惧，积极主动地去努力，去寻找解决问题的办法，并最终让问题终结在自己的手上。

因此，如果我们在工作中遇到不容易解决的问题，千万不要着急推给同事或领导，要勇于承担，把这些困难当成一种难得的经历、一笔宝贵的财富，好好利用，以负责任的心态要求自己必须解决它。在面对困难时，我们往往能开动脑筋，发挥出更大的潜力，获得更快的进步，这无论对企业还是对个人，都是很有意义的。

职场是一个竞争激烈的地方，也是一个充满机遇的所在。我们要想在这样的状态下取得成功，就一定要有一份强烈坚定的责任心。面对工作中的任何问题都要做到不悲观不抱怨，不退缩不放弃，积极主动地去解决，力求得到完美的工作结果。

北宋时，京都汴梁的皇宫遭遇火灾，大量宫殿被焚毁。

当时的皇帝是宋真宗，他严令大臣们必须在一个月内修复宫殿，否则就会重重责罚。在当时的情况下，这个修复工程有三个不利因素：交通不便、时间紧迫、工程量大。几乎所有的大臣都认为无法如期完成，而抗旨的下场是相当可怕的，大家都非常着急。

这个任务不仅关系到乌纱帽，还牵扯到身家性命，很多大臣都不愿意接这个烫手的山芋。最后，丁谓决定解决这个难题。

他命人先把皇宫前的大街挖成一条宽阔的深沟，然后利用挖出来的土烧制成砖瓦，这样就解决了建筑材料的问题；又把京城附近的汴河水引入深沟，做成了一条运河，用船把建筑材料直接运到工地，解决了运输问题；等新宫殿建成以后，又把建筑废料填入深沟，修复了原来的大街。

这一方案一举解决了建筑材料、运输和清理废料三个问题，如期完成了宫殿的修复工作。皇帝大加赞赏，丁谓也就更加受到重用了。

在职场上，老板总是喜欢那些不畏困难，勇于担当的员工，如果我们遇到困难就把它推给自己的老板，那么老板就不用做别的了，整天跟在我们后面收拾残局好了。员工在自己的岗位上遇到的困难，都是自己职责范围之内的，我们有责任在自己的岗位上解决它，不能把问题推给别人，拖累整个团队。不然，迟早会失去自己的位置，被别人取而代之。

松下电器创始人松下幸之助说过这样一句话："工作就是不断发现问题，分析问题，最终解决问题的过程。晋升之门将永远为那些随时解决问题的人敞开着。"

员工的职责是为企业创造效益，只有把岗位上遇到的问题彻底解决，才能更好地为企业贡献力量。老板看中的是工作结果，而不是过程，如何解决问题正是员工的责任所在。责任的核心是解决问题，我们要做一个负责任的员工，要成长为一个成功的职场人，就要牢记这一原则，并在工作中不折不扣地实践它，做一个"问题终结者"。

3. 没有落实，一切都是空谈

很多人都期待着在职场上大展拳脚，恨不得一夜之间就做出一番事业来。这种热情和理想是很好的，但是要想成功，需要我们负责任地把手头的每一件工作都踏踏实实地做好，一步一个脚印地去实践自己的职业理想。罗马不是一天建成的，升职加薪也不是天天都有的机会，要想在职场上出人头地更不是一朝一夕之功。

不积跬步，无以至千里；不积小流，无以成江海。自古以来，人们都强调做事要脚踏实地、知行合一。很多时候，人们都习惯把负责变成空谈，不能脚踏实地地去做事。无论是企业的成功还是员工个人的成长，仅凭空想或者口号或者仅仅有一个负责的要求是不行的，要达成目标，要做到对工作真正负责，就必须从脚踏实地开始。

在肯德基准备进入中国市场之前，公司首先派了一位代表来中国考察市场。他来到首都北京之后，看到街道上人头攒动的热闹场面，顿时信心大增，仿佛看到了肯德基进入中国市场之后财源滚滚的美好前景。因此，他没有再去做细致的调查工作，就认定这个巨大的市场必将适合肯德基的发展。

带着这份美好的想象，他马上回到公司向上级描述了这个巨大市场的美好前景。但是，上司仔细询问了他的工作情况之后，明白了他没有做详细缜密的调查。因此，上司还没等听完汇报就停了他的职，而且另派了一位代表来接替他。

新代表是一个脚踏实地的人，他来到北京之后，进行了大量的实地走访。他先在几条主要街道观测了人流量，之后，他还请不同年龄、不同职业背景的人对他们公司的炸鸡进行品尝，并详细询问了他们对炸鸡的味道、价格等各方面的意见。

除了这些工作，他甚至还对貌似跟他们不相干的北京的油、面、蔬菜、肉等生活日用品进行了广泛的调查，走访了许多生产鸡饲料的厂家询问价格和销售情况，最后他将这些非常翔实的数据做成报告带回了总部。

根据这些资料，公司有针对性地制订了进军中国市场的计划，然后让这位代表带领一个团队回到北京。从此，肯德基打开了中国这个巨大的市场。

肯德基要打入中国市场，光有大口号、大志向是不够的，首先要做好前期的市场调查工作。这个工作的重要性不言而喻，可以说考察结果直接决定着公司的战略方向和经营计划。因此，脚踏实地地获得真实有效的各种数据资料，就成为考察代表最重要的责任。

虽然两位代表的任务都是考察市场，为肯德基进入中国市场提供参考资料，但是在对待自己工作时的表现却有很大差别。第一个代表只是满足于看到了表面现象，并未实实在在进行细致考察，就兴高采烈地回复上司去了；而第二个代表则踏踏实实地去行动，从而圆满完成了自己的任务，做到了真正地对工作负责。

一个人在职场上到底能够走多远，能达到什么样的成就，归根结底还是要靠自己。不要迷信什么奇迹，未来就掌握在脚踏实地做事的人手中，一步一个脚印地对待自己的工作是对负责最好的注解。万里长征需要一步步去丈量，要想取得出色的成绩，要想在职场路上走得更远，我们就要脚踏实地，用负责的态度和工作成绩为我们的成功奠定基础。

有些人在工作中很有创意和能力，但是缺乏务实的精神。他们无法沉下心来做好手头的每一件事情，总是停留在纸上谈兵阶段，不能把工作实实在在地完成，总幻想着一步登天。这样的人非常可惜，他们虽有成功的头脑和能力，却缺乏成功所必需的责任心和脚踏实地的工作态度。所以，他们的理想注定只是永远捞不起来的水中之月。

很多企业在车间或者办公室的墙壁上张贴着各种各样的口号，但是，有多少员工按照这些口号的要求踏踏实实去做了呢？员工们对待工作流于形式的应付，不过是使这些口号成为一种讽刺罢了，不能踏踏实实做事的企业和员工，早晚要在竞争激烈的社会中黯然落幕。

杰克·韦尔奇是通用汽车集团原董事长兼CEO，他被誉为“最受尊敬的CEO”、“全球第一CEO”、“美国当代最成功最伟大的企业家”，成为职场和商场上神一样的人，被许多人崇拜着。

2004年在北京举办的“杰克·韦尔奇与中国企业高峰论坛”上，一位中国的企业家曾这样问杰克·韦尔奇：“我们大家知道的都差不多，但为什么我们与你的差距那么大？”

杰克·韦尔奇的回答是：“你们知道，但是我做到了。”

这个答案简单得出人意料，但却道出了成功的真谛：负责不仅需要知道自己的责任，更要脚踏实地地去做！

在工作中只有把负责落到实处，踏踏实实地用实际行动把口号变为现实，才能真正尽到自己的岗位职责，为企业创造价值。如果每一个员工都能在自己的岗位上真正负起责任来，脚踏实地地把工作做好，何愁工作没有业绩？何愁公司没有效益？又何愁自己在职场上没有前途呢？

在企业中，能够脚踏实地工作的员工更有责任感，他们对工作和公司的负责是能够真正付诸行动的。只有有这样务实的工作态度，才能用积极的心态面对工作中的各种困难，不论事情简单还是复杂，都能抛弃浮躁、摒弃幻想，一丝不苟地去完成工作，始终坚定不移地向着自己的职业目标迈进。这样的人，必然能够享受到实现自己职场理想后的快乐。

4. 业绩是衡量责任的外化标准

在工作中，有这样一种现象：老板安排差不多的工作给两位员工去做，其中一位每天起早贪黑，连周末都不休息，弄得心力交瘁，但是结果却不尽如人意。另外一名员工，从来不需要加班加点，每天工作效率很高，对工作游刃有余，总是能给老板交上一份满意的答卷。如果你是老板，在需要提拔一位员工让他承担更大责任的时候，你会选择谁呢?

对于任何一位员工来讲，无论你口头上是多么负责、多么敬业，如果你的工作业绩是零，那么你就是一个不合格的员工。

在工作中，负责永远不是一句空洞无物的口号，业绩就是责任的标尺，员工的一切都要用它来衡量。同样，对每个人的职场生涯来说，任何大的成就，都是你每天的业绩累加的结果，如果没有业绩，就没有大的成就。所以，在工作中，我们要懂得一个基本道理：只有业绩才是衡量我们责任的标准。

张瑞敏经常说一句话："能者上，庸者下，平者让。"在海尔这个企业里，不看重学历、关系和情面，也不讲过去的成绩。不论过去为海尔发展做过多大贡献，包括"海尔功臣"和跟张瑞敏一起"打天下"的那些元老，只要不能胜任今天的工作，就会被无情地淘汰。

每年年终，总有一部分主管因完不成工作任务而被免职，又总有一批超额完成任务的新秀走上领导岗位，这在海尔司空见惯，大家也已习以为常。比如，2002年度干部综合考核结果：升迁27名、轮岗9名、整改4名、警示2名、降职3名、免职1名。整改、警示、降职、免职的干部占总数的11%，干部调整的总数占管理层总人数的51%。

张瑞敏认为，不论是对待公司元老还是刚入职的年轻人，提高他们的工作业绩，增强他们的竞争力，就是对他们最好的照顾。

"昨天的奖状，今天的废纸"，海尔人不欣赏昨天的荣誉和脚印，不讲关系，个人收入和升迁只与业绩相关联，一律用业绩这把尺子来量。

无独有偶，微软也是一个完全以业绩为导向的公司，实行独树一帜的达尔文式管理风格："适者生存，不适者淘汰。"用处处以业绩论成败的方式自动选择和淘汰员工，不断地裁掉最差的员工，是微软的一贯做法，只有那些业绩突出的人员才能被留下来，得到晋升。

微软公司从来不以论资排辈的方式去决定员工的职位及薪水，员工的提拔升迁取决于员工的个人成就。在微软，一个软件工程师的工资可以比副总裁高。

微软还采取定期淘汰的严酷制度，每半年考评一次，并将效率最差的5%的员工淘汰出去，自1975年以来，微软一直保持了很高的淘汰率，这使得他们留下的员工都具有很强的竞争力。他们这种制度保证了整个企业拥有强大的活力。

在这个竞争激烈的社会，公司作为一个经营实体，必须靠利润维持生存与发展，利润是每个企业的原始推动力，因此员工的责任就是努力提高自己的业绩，为企业创造利益和价值。而企业最看重的也是员工业绩的大小。如果员工没有做出业绩，就是没有尽到为公司创造效益的责任，就是在拖公司后腿，就算你是企业的元老，或者持有博士的高学历，老板也会为了企业的利益而舍弃你。

事实上，世界上所有成功的企业，都会把业绩作为责任的标尺，把业绩作为自己考核员工能力的标准，无论你做的是什么工作，无论你的职位高低，都要通过业绩来体现你的责任。企业终究不是福利院，任何一位老板都不希望自己的员工是没有业绩、尽不到责任的闲人。

普布利乌斯·埃利乌斯·哈德良是古罗马的一位皇帝，是古罗马历史上“五贤帝”之一。他手下有一位跟随自己多年的将领，但是战绩平平，一直没有得到他的提升。

有一次，哈德良又提升了一帮将领而落下了他，这位将军觉得他应该像别人一样得到晋升，于是便在皇帝面前提起这件事情。

“我应该升到更重要的位置，”他说，“因为我经验丰富，参加过10次以上的重要战役。”

哈德良皇帝是一个对人才有明确判断的人，他并不认为这位将军能够胜任更高的职位，于是他指着拴在木桩上的驴子说：“亲爱的将军，好好看看这些驴子，它们至少参加过20次战役。”

比尔·盖茨说：“能为企业赚钱的人，才是企业最需要的人。”企业要发展，需要团队中的每个员工都尽到自己的责任，创造良好的业绩。因此，无论从事哪一行都必须用良好的业绩来证明你是企业的珍贵资产，证明你可以帮助企业赚钱，而不是吃闲饭滥竽充数的。

从另一个角度来讲，员工只有通过完成自己的责任为企业创造价值，企业有利润产生，他才能获取相应的报酬。业绩跟个人的所得有着直接联系，没有人会注意员工工作过程的酸甜苦辣，荣誉和回报只会给那些创造业绩的功臣，良好的业绩就是尽到责任的最好证明。谁为企业创造的业绩多，谁的薪水就高，得到的机会就多。

业绩不仅跟员工个人的所得息息相关，更是提升企业竞争实力的途径，是决定企业兴衰成败的关键！业绩是责任的标尺，是良好职业精神的体现，是个人在职场上顺利发展的保障。因此，员工要想得到老板的认可和赏识，获得加薪、升职等诸多优遇，在职场立于不败之地，实现自己的个人价值。就必须把努力创造工作业绩当作神圣的职责，当作自己的责任标尺，解决好工作中的各种问题，拿出过硬的业绩，为企业创造良好的效益。

5. 执行围绕预定结果进行

人们常说："种瓜得瓜，种豆得豆。"责任和结果之间也存在着这种关系，种下责任的种子才能保证收获理想的结果。责任保证结果，责任确保业绩。因此，在工作中，我们要尽到自己的责任，一切以实现预定的结果为最终目的。

一名员工如果懂得了这一点，就会在工作中承担起责任，以实践自己的职责，保证工作结果。这样既能为企业发展贡献出自己的最大力量，也能体现自己的最大价值，获得更多的成功机会和更广阔的发展平台。

美国有一家很出名的咨询公司，他们经常在世界各地举办演讲活动。在演说家演讲之前，公司会安排专门人员把有关演讲者本人的情况和演讲内容的材料及时送达听众手中。

有一次，公司同时在芝加哥和德克萨斯举办演讲活动，主管分别安排了安妮和琳达负责两地演讲材料的邮寄工作。

安妮接到任务以后，提前六天就联系了联邦快递公司，她还亲自核对了收件人的地址、联系方式还有材料的数量。并亲自包装好了材料，选择了适当的货柜。她认为这样做肯定是万无一失了，自己已经很负责任了，按照联邦快递公司的惯例，材料将比预定时间提前两天送达。

但是，她遗漏了一点，没有向联系人确认材料是否已经送达。结果，这些材料被联系人的女佣像对待平时收到的那些无用的广告宣传材料一样，扔进了垃圾桶。

去德克萨斯演讲的彼得接通了助手凯特的电话，说："我的材料到了吗？"

"到了，我三天前就拿到了。"凯特回答说，"负责邮递您的材料的是琳达，她打电话告诉我听众可能会比原来预计的多100人，不过她已经把多出来的也准备好了。"

因为允许有些人临时到场再登记入场，因此琳达对具体会多出多少人也没有清楚的预计，为保险起见她决定多寄了400份，并且告诉凯特，如果演说家有别的什么要求，可以随时打电话找到她。这让演说家非常满意。

安妮虽然也做了大量的工作，付出了不少努力，但是就因为没有打个电话确认一下，就让前面的工作付诸东流了，没有完成任务，一切努力都是白费。

而琳达知道要对自己的工作结果负责，她知道结果才是工作的最终目的，把演说家的材料及时准确地送到他的手中，这才是她的职责，她要追求的目标。达不到这个目标，她的责任就没有完成。

工作中每一个老板都希望自己的员工能够像琳达那样有责任感，在工作中对结果负起责任，将问题圆满解决。有些人虽然也做了不少工作，付出了不少汗水，但是没有结果的工作其实是无效的，是没有价值的，无法为企业带来效益。只有对所做工作的结果负责，才能确保每一次任务、每一个行动，都具有实际效用和价值。

在这个世界上，每个人都扮演了不同的角色，每一种角色又都承担了不同的责任。从某种程度来说，对角色的演绎就是对责任的完成。作为企业的一名员工，理所当然地要去承担自己工作岗位上的责任，保证自己的工作结果。可以说，在职场中，对结果负责同时也意味着对自己的未来负责。

责任保证结果，责任确定业绩，对结果负责到底，才是真正的负责。任何一个成功的企业或个人，虽然成长的历程不同，但是，有一点是共同的，那就是对结果负有强烈的责任感。

海尔电冰箱厂有一个五层楼的材料库，这个材料库一共有2945块玻璃，如果你走到玻璃前仔细看，你一定会惊讶地发现这2945块玻璃每一块上都贴着一张小纸条。

每个小纸条上印着两个编码，第一个编码代表负责擦这块玻璃的责任人，第二个编码是谁负责检查这块玻璃。

海尔在考核准则上规定：如果玻璃脏了，责任不是负责擦的人，而是负责检查的人。也就是说，擦玻璃的人只管擦玻璃，而负责检查的人要对玻璃干净这个结果负责。

这就是海尔OEC管理法（又称为“日清管理法”）的典型做法。这种做法将工作分解到“三个一”，即每一个人、每一天、每一项工作。

海尔冰箱总共有156道工序，海尔精细到把156道工序分为545项责任，然后把这545项责任落实到每个人的身上。

在海尔，大到机器设备，小到一块玻璃，都清楚标明责任人与负责检查的监督人，都规定着详细的工作内容及考核标准。只要每一个人都完成了自己的小责任，那么整个团队的大责任也就很好地完成了，公司确定的大目标也就得到了实现。

海尔这种做法的好处在于，每一个人都有明确的责任，都有明确的结果需要去达成。正是这些一个个不起眼的小责任，保证了海尔能实现自己的大责任，从而成长为一个非常成功的企业，收获累累果实。

企业就像一部巨大的机器，螺丝钉有螺丝钉的责任，发动机有发动机的责任，尽管它们的岗位不同，但是责任却不分大小，发动机坏了机器自然无法运转，但是一颗不起眼的螺丝钉如果出了问题，同样也会带来巨大的危害，可能导致整部机器报废。

一个小数点位置不同，就能带来跟结果十倍甚至南辕北辙的偏离；一丁点儿的不负责，就可能使企业蒙受巨大损失；而稍微加强一点责任心，就可能为一个公司带来腾飞的契机。因此，责任对结果的意义重大。对结果负责是每一名员工必需的职业精神，如果一个员工放弃了对公司的责任，也就意味着放弃了在公司中获得更好发展的机会。

因此，我们要想在职场上获得更好的发展，让我们的人生价值得到提升，要想为企业创造更大的效益，获得更大的发展平台，我们就需要用责任实践完美结果。

第六章

贯穿细节：意外和危机多出自于疏忽细节

> 一粒沙里有一个世界，一滴水里蕴藏着整个大海，任何大事都是由一些小事、细节组成的。一个细节，可以决定成败，一件小事也可以改变一个人的未来，工作中的点点滴滴，都折射着一个人的责任心，都绘制着一个人的成功曲线。

1. 细节是魔鬼

在日常工作中，很多人往往不拘小节，对于细节问题不屑一顾，面对老板的批评，他们常常搬出“成大事者不拘小节”、“大礼不辞小让”等说辞为自己开脱。殊不知，见微知著，责任恰恰是体现在细节方面的，对于那些“大事”，人人都看得见、都重视，看不出责任心的差别，而那些能够注重细节的人，才是真正做到负责的人。

老子的《道德经》有言：“天下难事，必作于易；天下大事，必作于细。”细节是人们工作中最容易忽略的部分，但它往往对结果有着至关重要的影响。在责任的落实过程中，细节是决定成败的关键，甚至可以毫不夸张地说，成也细节，败也细节。

在工作中注重小事和细节，让我们的责任体现其中，正是我们在职场上不断进步，不断提升自己所必备的素质和能力的根源所在。或许我们的工作性质不同，忽视细节带来的危害大小也有不同，但是有一点是共通的，忽视细节最终必然导致事业的失败，导致人生的黯然失色。

密斯·凡·德罗是20世纪世界最伟大的建筑师之一，在被要求用一句最简练的话来描述自己成功的原因时，他只说了五个字："细节是魔鬼。"一个成熟的职场人士，必须善于把握细节，对细节负责。"千里之堤，溃于蚁穴"，要知道，很多时候正是那些毫不起眼的细节，决定了事情最终的结果，忽视细节会使你错失成功的机会，甚至付出惨痛的代价。

在职场上，不管员工有多么宏伟的计划或者多么高远的理想，如果对细节的把握不到位，就不能成长为一名精英。在工作中，任何一个人都有自己的职责范围，有些人负责一些比较重要且引人注目的工作，也有些人负责一些不被重视的小事，但是无论大事小事，都有必须注意的细节，成大事也要拘小节。

是否关注细节说明了一个人对待工作的态度是否端正。在我们的实际工作中，总是有一些忽略细节重要性而敷衍了事的做法，对自己的要求不够高，对细节的要求不够精细。要知道，细节决定工作的品质，"细节决定成败"，不关注细节，不把细节当成重要的大事去负责，就无法保证取得理想的结果，也就很难获得职场上的成功。

工作虽然有大小，但是责任却不分轻重。如果你能重视工作岗位上的每一个细节，它就能成为注入成功沧海的那一条细流；如果你不重视它，它就是造成淹没一切的洪水中的那一滴雨水，将你淹没在失败的深渊之中。

士兵在战场上忽略细节可能会丢掉性命；飞行员在天空中忽略细节可能会导致飞机失事；建筑师忽略细节可能会使摩天大楼坍塌……在职场上行走，任何忽略细节、不负责任的行为都可能为自己酿造一杯饮鸩止渴的毒酒，把自己美好的职业理想葬送掉。要想让自己在职场上顺利成长，逐步把自己的职业理想变成现实，就要注重小事，用强烈的责任心去关注工作中的每一个细节。

2. 小节折射一个人的职业素质

有些人在职场中不注意小节，大大咧咧，他们认为小节无伤大雅，这种认识其实是非常错误的。比如说，有人在洽谈业务的时候吞云吐雾，毫不顾及别人的感受；有人在出席正式场合的时候打扮得像个街头小混混；还有人不分公私，总把办公室里的一些小东西随手带回家，当然这些东西都是有去无回……这些不良行径必将影响个人在职场上的发展。

刘备在《敕后主刘禅诏》中说："勿以恶小而为之，勿以善小而不为。"说的是做人的道理，同样也是职场上的道理。于细微处更能够看到一个人的真实素质，所以，有些小节还是很有必要注意一下的。

那么，什么算是职场上的"小恶"呢？那些看似不起眼，却对工作产生或明或暗的不良影响的行为就是"小恶"。

谭建华是一家五金销售公司的业务部经理，在工作中，他是个“不拘小节”的人。

一天，一位非常重要的客户要带着助理来他们公司洽谈业务，恰好老板有事出去一会儿，就吩咐谭建华先接待一下，重要的事情等他回来再说。

谭建华在跟对方交换名片的时候随随便便，他还自以为是地讲了一个笑话：话说，有两个人甲和乙一起用名片打牌，甲打出了总经理。乙说，管上，然后打出了总经理秘书。甲就很疑惑地问，为什么你的秘书能管我的经理呢？乙说，我这是女秘书。

本来这也就是一个笑话，放在别的场合也许还能活跃一下气氛，但是此次陪同这位老板来的助理恰巧是一位女士。她想，你这不会是影射我的吧？于是心生不悦，连带着对他们公司的印象也大打折扣。

老板回来之后，双方洽谈完业务，于是派谭建华去给客户买点纪念品，然后送客户去机场。谭建华在选购纪念品时，特地私自给自己的老婆带了一份，而且在发票上开在了公司的费用里，碰巧的是，他跟营业员之间的谈话又不幸被客户的助理听见了。

结果，那位客户回去听了助理的意见之后，觉得这家公司风气不正，公司的业务经理缺乏起码的职业素质，于是决定放弃跟该公司合作的计划，最终把订单交给了另外一家公司。

老板百思不得其解，本来谈得好好的，怎么客户又变卦了呢？他不知道的是，一笔大生意，就毁在了谭建华的“小节”上。

小节伤大雅，很多大事的失败，起因都是那些微不足道的小节。大哲学家伏尔泰曾经说过：“使人感到疲惫的不是远处的高山，而是鞋里的一粒沙子。”而那些容易被我们忽略的小节，就是我们行走于职场上的鞋子里的那一粒沙子，无法攀上高峰，就是因为这些沙子禁锢了我们前进的脚步。所以，不要因为恶小而为之。工作中的许多非常小的不良习惯，都可能会给我们的职业生涯带来巨大的危害。

在职场中，我们要尽量养成一些好的习惯。即使这些好习惯是一些不起眼的小事情，最终也会带给我们一些意外的收获。一个灿烂的微笑，一个微微鞠躬、双手递接名片的小动作，一句真诚的谢谢，一次体贴入微的行程安排……种种细节都有可能触发职场中意想不到的契机，带来令人欣喜的回报。这些小细节所带来的好处往往不是特别明显，但是一点点积累起来，就很可能使你在职场上不知不觉地建立起巨大优势，从而改变你整个的人生轨迹，让你的事业从此走向成功。

在职场上，很多人已经明白了小节的重要性。就连很多还没有正式进入职场的年轻人，在面试之前都会做好充分准备，保持自己的服饰整洁得体，对着镜子精心“演练”自己的一言一行，防止因自己的不修边幅而遭到拒绝。所以，在职场上摸爬滚打了很长时间的成熟的职场人，就更要注意小节，让自己的责任体现其中了。

小刑是一家摄影器材公司的工作人员，他每次给客户服务的时候，都很负责任，会注重一些细节。

比如，给客户安装调试设备时，他总是戴上一次性的塑料手套，以防手印留在上面。同时他还特意将服务卡上的售后电话用笔勾出来，让客户一眼就能找到，而且总是在后面附上自己的个人电话，以便客户能够随时找到他。

公司并没有要求小刑一定要这样去做，但他却很细心地考虑到了，而且养成了这个好习惯。时间长了，那些老客户都非常喜欢小刑，每次都直接打电话找他。就这样，小刑成了客户和领导眼中的“红人”，不久便被老板提拔为客户经理。

小节之中蕴含着成功的机会，许多大的成绩都是从做好一点一滴的小事开始的。所以，工作中，我们一定要有一种强烈的责任感，用做大事的心态去对待工作中的小节，重视身边的每一件小事。

反思一下，你对待细节够不够重视？比如，你有没有在书桌上把文件摆放得乱糟糟？你有没有边上班边吃零食的习惯？你有没有在别人面前发发对老板的牢骚？这些小节，都是不好的习惯，应该加以重视，尽量避免。

注重小节，不仅是一种理念，也是一种工作态度，更是一份职业责任。在工作中，我们不要放纵自己，不要忽视那些小节，要从点点滴滴做起，一步一个脚印，把责任体现在细节之中，这样才能成就大的事业。

因此，要担负起自己的责任，做好自己的工作，就需要我们从注重小节做起，勿以恶小而为之，勿以善小而不为，让我们的责任在小节中得到完美体现。

3. 任何细节与最终结果都有着必然的联系

很多时候，人们往往只是把注意力放在一些大事上，却忽略了一些小事。等到工作结果出现了巨大的偏差以后，才懊悔地想起："哎呀，我要是把那件事做好，结果就不会这个样子了。"可惜，世上没有卖后悔药的。其实，这样的结果就是因为没有认识到责任之间的联系导致的。

任何事物都不是孤立的，人离开了社会这个群体很难生存。也许有人会说，野人不也活得好好的吗？但野人也不是孤立的，他也需要空气、食物、水等其他事物。对于我们的工作来说也是如此。一件事情搞砸了，原因绝不仅仅是孤零零的，通常大事没做成，肯定是之前的小事没有做好。

一只小小的蝴蝶在赤道附近轻轻扇动一下翅膀，就可能在南美洲掀起一场飓风，这就是人们常说的蝴蝶效应。它告诉我们：事物和工作的各个环节之间存在着一定的联系，责任之间不是孤立的，小事的结果决定着大事的成败。

1485年，英国国王查理三世准备在波斯沃斯和兰凯斯特家族的里奇蒙德伯爵亨利展开一场激战，以此来决定由谁统治英国。

战斗打响之前，查理派马夫去给自己的马钉好马掌。马夫发现马掌没有了，于是，他对铁匠说："快点给它钉掌，国王希望骑着它打头阵。"

"我需要去找一些铁片，"铁匠回答，"前几天，因为所有的战马都要钉掌，铁片已经用完了。"

"我等不及了，你赶紧地。"马夫不耐烦地叫道。

于是，铁匠把一根铁条弄断，作为四个马掌的材料，把它们砸平、整形之后，用钉子固定在马蹄上。然而，钉到第四个马掌的时候，他发现少一个钉子。

铁匠停了下来，他要求马夫给他一些时间去找颗钉子。

"我等不及了，军号马上就要吹响了。"马夫急切地说，再一次拒绝了铁匠的要求。

"没有足够的钉子，我虽然也能把马掌钉上，但是马掌就不能像其他几个一样那么牢固了。"铁匠告诉马夫。

"好吧，就这样！"马夫叫道，"快点，要不然国王会怪罪我的。"

于是，铁匠便凑合着把马掌钉上了，第四个马掌少了一颗钉子。

战斗开始以后，查理国王骑着这匹战马冲锋陷阵，带领士兵迎战敌军。突然，一只马掌脱落下来，战马跌倒在地，查理也被掀翻在地上，受惊的马爬起来逃走了。国王的士兵跟着溃败，亨利的军队包围了上来，把查理活捉了。

查理不甘地大喊道："马！一匹马，我的国家倾覆就因为这一匹马啊！"

其实，他不知道的是，真正的原因是第四个马掌上缺失的那颗小小的钉子。

从那时起，人们就传唱这样一首歌谣："少了一颗铁钉，丢了一只马掌。少了一只马掌，丢了一匹战马。丢了一匹战马，败了一场战役。败了一场战役，失了一个国家。"

一个帝国的存亡竟被一颗小小的钉子左右了，这深刻地演绎了蝴蝶效应的威力。查理三世失去国家，这是个巨大的事件，但是责任的源头竟是马夫不肯给铁匠一点时间去找颗钉子。后人无不为查理三世国王扼腕叹息，当初那个失职的马夫，也会为此懊悔至极吧，可惜，历史无法改写，再也无法挽回了。

在职场上，员工一定要记住，没有孤零零的责任，大事跟小事之间存在着必然的联系，尽不到对小事的责任，就会影响大事的效果。中国有一句古话，叫“差之毫厘，谬以千里”。讲的是任何细节或者小事，都会事关大局，牵一发而动全身，对工作的最终结果产生影响。所以，我们的工作责任感需要体现在工作的各个环节之中。

1961年4月12日，苏联首先将人送上太空；1969年7月，美国率先实现人类登月。40多年来，虽然参与载人航天研究的国家越来越多，但在世界上还只有美、俄能够独立开展载人航天项目。

然而，我国“神舟”系列飞船的相继成功发射，标志着中国载人航天事业取得了重大进展。在“神舟”成功的背后，火箭是最基础的部分，一旦这个系统发生了问题，一切将灰飞烟灭。火箭从基座到顶端，需要坐电梯跨越7个楼层。它长达58.3米，直径2.25~3.35米，起飞总质量为580多吨，身上装有4万多只元器件，价值约2亿元人民币。

很难确切统计，共有多少人参与到长征火箭的设计和生产中，如果算上生产元件的90多个厂家，恐怕不下10万人。这是一个多人协作，环环相扣的巨大工程。

尽管其中某一个人能起到的作用微乎其微，但只要有一个人有一点疏忽，就可能给火箭乃至整个航天系统带来灭顶之灾。但是，我们的火箭从没有发生过事故，正是每一个人对待工作的认真负责，每一个环节都尽到了自己的责任，这才创造了属于我们中国人的骄傲，神话故事中的传说，在我们手中变成了现实。

现在社会分工越来越精细，我们的工作也不是孤零零存在的，而是越来越联系密切。同样责任之间也是环环相扣的，对于一项巨大的工程来说，哪怕看似跟它关系不大的一个细微之处，也可能会成为影响其成败的关键。

“蝴蝶效应”告诉我们，任何事物都是有联系的，工作中也没有孤零零的责任。一只蝴蝶扇动那美丽漂亮的小翅膀可能成为毁灭性龙卷风的源头，类似的事情可能也会在我们身上发生，我们在职场上一次无足轻重的不负责任，可能导致一项宏伟工程的破产，而我们如果对每一件手头的小事都能认真负责，那么成功的功劳簿上也必然会有我们的名字。

只要我们能够对工作中的每一件事情认真负责，无论我们的任务是大是小，也无论岗位看上去是重要还是无关痛痒，只要我们尽到责任，都必然会使得以后的结果向着好的方向发展，只要我们把每一件小事做好，就能成就大事。

4. 从细微处打造最优的客户体验

当今社会竞争日益激烈，商场就如战场一样残酷。企业或员工稍有懈怠，便有可能被超越或者淘汰，成为“沉舟侧畔千帆过”里的那只沉船，眼睁睁地看着别人成功，自己品尝失败的苦果。

“客户是上帝”，不是一句空洞的口号。要想始终赢得客户的青睐，为企业争取最大的利益，就要用负责的心态为客户解决一切问题。哪怕是客户自己都不是特别在意的小事，你也要放在心上，及时地发现并解决。只有这样，企业才能站稳脚跟，逐步发展，而你才能得到更多的发展机会。

企业的发展状况与员工个人的利益和发展密切相关。为此，每个员工都要清楚：关注小事是自己应尽的责任，只要是关系到客户的事情就没有小事，对自己的岗位负责任就是要把客户的事情解决好。

1971年，伦敦国际园林建筑艺术研讨会上，迪斯尼乐园的路径设计获得了“世界最佳设计”称号。当时迪斯尼乐园的总设计师是格罗培斯，迪斯尼的路径设计获奖后，许多记者去采访这位大名鼎鼎的设计师，希望他公开自己的设计灵感与心得。格罗培斯说：“其实那不是我的设计，而是游客的智慧。”

迪斯尼乐园主体工程完工后，格罗培斯对于路径的设计一直心存担忧，因为他看到了太多的公园里立的“禁止踩踏”的牌子而毫无效果，游人照样会选择他们最方便的路径去穿越草坪。因此，他必须设计出最能切合游客心意的路径。

格罗培斯最后终于想出了办法，让游客自己决定行走的路线。于是，他宣布暂时停止修筑乐园里的道路，接着指挥工人们在空地上都撒上草种。等小草长出以后，乐园宣布提前试行开放。

5个月后，乐园里绿草茵茵，但草地上也出现了不少宽窄和深浅不一的小径，那是蜂拥而来的游客们践踏出来的。格罗培斯马上让工人们根据草地上出现的小路铺设人行道。就是这些由游客们自己不知不觉中用脚步“设计”出来的路径，后来成了世界各地的园林设计大师们眼中“幽雅自然、简捷便利、个性突出”的优秀设计，也理所当然被专家们评为“世界最佳”。

除了格罗培斯，迪斯尼乐园的其他设计师也同样把游人的要求放在第一位，把最完美的艺术品呈现给他们，细节之处绝不放过。

比如，在动物王国的很多道路设计中，他们用混凝土来塑造泥泞的碎石小路，正如他们在去非洲旅行时所见的真实场景。但是乐园里会有大量的人和车辆经过，因此用真实泥土的想法被否定了，而显眼的灰色混凝土会让人感觉单调并显得格格不入。所以他们把混凝土表面染上颜色，加一些辅料，并印上车辙和曲线，使之看起来像条布满痕迹的泥路。

因为以前从未有人想过要让混凝土看起来像泥巴，所以他们去跟混凝土制造商讨论产品。他们做了大量的抽样调查以确保达到预期效果，并使用巴士轮胎在公园里轧出车辙。

类似地，为了避免游人进入特定区域的栅栏也被反复斟酌，钢铁或者竹木做成的围栏会给游客带来隔阂感。“我们可以用断壁残垣、一棵倒了的大树、一辆废弃的吉普，这些东西都能用作屏障。”另一位设计师Larsen说，“一些最困难的问题，最后我们却处理得丝毫不露痕迹。”

迪斯尼乐园的设计完全考虑到了游客的需要，不论是行走路线的方便快捷，还是心理上的密切而无隔阂，他们都十分细心地做了最完美的处理，真正把游客当成了上帝。哪怕最微小的地方，他们也认真负责地解决了。对待工作和客户如此地负责，迪斯尼的成功自然也就没有什么意外了。

现代社会商品以及各种服务已经非常丰富，除了一些垄断行业，顾客基本上拥有自主选择的能力。过去物资匮乏的年代，买什么都要凭票供应，顾客爱买不买。而现在的顾客，往往会货比三家，比质量比服务，你不能让他称心如意，他是不会在你这里浪费一毛钱的。所以，如何赢得顾客的青睐，是任何一个企业都不敢忽视的问题，从很大程度上来讲，顾客决定着企业的发展前景，间接或者直接地影响着员工的利益。

员工如果能够做到对工作认真负责，无论大事小事都能为顾客着想，热情主动地帮助顾客解决问题，那么他的收获绝对不止是赢得了这一个客户。美国著名推销员乔·吉拉德在商战中总结出了“250定律”。他认为每一位顾客身后，大体有250名亲朋好友。如果您赢得了一位顾客的好感，就意味着赢得了250个人的好感；反之，如果你得罪了一名顾客，也就意味着得罪了250名顾客。

只要员工能够本着认真负责的态度对待顾客眼中的小事，把它当作自己工作中的大事积极主动地去解决，那么成功就可能会不期而至。反之，如果对待顾客遇到的事情不以为然，总是强调“不就是这么一件小事吗？”“有什么大惊小怪的，这种事情我见得多了！很正常。”敷衍你的客户，最终你将尝到自己亲手种下的苦果。

绝不能忽略工作中的任何小事。任何小事处理不好，都可能给企业造成不可挽回的损失，酿成令人惋惜的大错。对待小事认真负责，是成就大事不可缺少的基础。要想在职场中发展，就要对每一件小事认真负责，担负起自己的责任，做好自己的本职工作，把顾客眼中的小事都当成关系企业兴衰的大事来做。

5. “差不多”的错误心态

胡适先生曾经写过一篇《差不多先生》，里面的主人公常常说：“凡事只要差不多，就好了。何必太精明呢？”他小时候，把白糖当红糖买来；上学的时候，把山西跟陕西混为一谈；做伙计记账的时候，常把“十”字当成“千”字；到后来他病得要死，家人跟他一样，把兽医王大夫当成给人治病的“汪大夫”，结果生生把他医死了。临死的时候，他还觉得其实死人跟活人也差不多。

我们读到这个故事，多半会一笑置之，把它当作一个笑话而已。其实，这种“差不多”先生，在现代职场中也不少见。有些人只管按月领饷，不问贡献，只是做一天和尚撞一天钟。比如，去参加展销会，他们觉得晚到10分钟跟早到10分钟其实差不多；一份企划方案，他们觉得旺季和淡季差不多；一份报价单，他们觉得预计10%的利润跟11%的利润也没多大差别……把事情做得“差不多”成了他们的行为准则。

每个企业和组织里都可能存在这样的员工，这些人有一个共同点，那就是做事不够精细，或者说责任感仍然不够强。他们每天上班迟到个三分钟五分钟，好像也不是什么大错，很少能够按时到达工作岗位开始工作；他们每天忙忙碌碌，却不愿精益求精，把工作做到位。在职场上，“差不多”先生永远只能做跑龙套的配角，而只有那些将工作做到精细到位的人才能成长为企业的中坚力量，得到重用。

野田圣子曾经在日本东京帝国饭店打工，她的第一份差事是清洗这家饭店的厕所。

圣子从小没干过家务又特别爱干净，因此，在洗厕所时她实在难以忍受那种气味，尤其是用她细嫩柔滑的手拿着抹布去擦拭马桶时，近距离的接触让她胃里翻搅，几乎要呕吐出来。

圣子哭过，她几次想放弃，然而好胜心又驱使她坚持下去。

这时，有一位前辈出现了，他看出了圣子的烦恼，于是，他没有多说一句话，而是给圣子做起了示范：他一遍一遍地刷着马桶，不放过任何一个角落。他对马桶的专注就像是对待初恋情人一样，这让圣子非常惊讶。

这位前辈的清洁工作完成之后，从马桶里盛了一杯水，然后毫不迟疑地一饮而尽。这个举动让圣子彻底震惊了。他告诉圣子，这就是“光洁如新”，新马桶里的水自然是干净的，所以只有马桶的水达到可以喝的洁净程度，才是真的把马桶抹洗得“光洁如新”，而不是差不多干净了就行了。

从此，圣子认识到工作本身并无贵贱，责任的真谛就是把每一个细节、每一件小事情都做到位、做到极致。

后来，饭店的高管来验收圣子的工作时，圣子在众人面前舀起了一杯马桶里的水喝了下去。圣子大学毕业后，顺利地进入帝国饭店工作，还成为该饭店最出色的员工。

每个人的职业道路都要靠自己来走，要留下自己不可磨灭的脚印到达成功的终点。这一切，不是靠你的高学历，也不是靠你显赫的家世，而是靠你对工作负责敬业的态度。只有不满足于把事情做到差不多，而是用十二分的责任感对待十分的工作，把工作做到极致，你才能如圣子一样，成为职场上令人瞩目的风景。

“差不多”的工作态度是不负责任的表现，其结果是工作马马虎虎，敷衍了事。“差不多”说明的问题不在于“不多”，而是“差”，就是没有做到位。持有“差不多就行，何必太认真呢？”这种工作态度的员工不仅使自己的工作做不到位，还会阻碍企业的发展。

“差不多”，其实差得很多。竞技场上，冠军与亚军的区别，有时候小到肉眼无法判断。比如短跑，第一名与第二名有时可能相差0.01秒；又比如篮球比赛，胜利者和失败者有时候仅仅是一分之差。然而，冠军与亚军所获得的荣誉与财富却有着天壤之别，全世界的目光只会聚焦在冠军身上，谁也不会去关注失败者的泪水。

有一天，著名雕塑家米查尔·安格鲁在他的工作室中向一位参观者解释，他一直在忙于上次这位客人参观过的那尊雕像的完善工作。他告诉参观者自己在哪些地方进行了润色，使那儿变得更加光彩，怎样使面部表情更柔和，使嘴唇更富有表情，去掉了哪些多余的线条使那块肌肉显得更强健有力，使全身显得更有力度。

那位参观者听了不禁说道：“但这些都是些琐碎之处，不大引人注目啊！”雕塑家回答道：“一件完美作品的细小之处可不是件小事情啊！”

正是把细节和小事做到极致的负责态度，才成就了这位伟大的艺术家。无独有偶，画家尼切莱斯·鲍森画画有一条准则，即把细节都做到位，追求极致。他的朋友马韦尔在他晚年曾问他，为什么他能在意大利画坛获得如此高的声誉？鲍森回答道："因为我从未忽视过任何细节，我总是用做大事的心态去对待身边的每件事情。"

有的人每天擦六遍桌子，他一定会始终如一地做下去；但有的人一开始会按要求擦六遍，慢慢地他就会觉得五遍、四遍也可以，最后索性不擦了。每天工作欠缺一点，天长日久就成为落后的顽症。这句话道出了职场上那些失败者失败的原因，值得我们职场上的每一个人警醒。

在职场上，这种"差不多"的心态要不得。每个人都要在工作中不折不扣地尽到自己的责任，不能满足于"差不多"，哪怕只差一点点，也是对工作的不负责任。因为说不定哪一天，这一点点就会变成压垮骆驼的最后那根稻草，使我们与成功失之交臂。所以，坚决不要做"差不多"先生，要做就做"精益求精"的"完美"先生。

第七章

超越责任：突破界线，成就无限发展

> 不要给自己的工作画上界线，工作并没有分内分外之分，员工只有超越自己的责任，才能做出更大的业绩，超越责任，就是超越平庸。职场如逆水行舟，不进则退，只有划动责任的大桨，才能在激流中顺利远航。

1. 责任不分“分内”“分外”

许多人满足于把老板交代的事情办好，把自己分内的事情办好，认为这样就是一个优秀的员工了。其实，做好自己的分内工作是一个职员应该承担的基本责任，但要想超越责任做到卓越，仅仅满足于承担分内的责任是不够的。

在职场中，不要把老板交给自己的任务作为标尺，否则会限制了自己的主动性和积极性，把自己关在“分内”的牢笼里，这样既不利于自己的成长进步，也不利于企业的发展壮大。

任何一个有进取心的人，都不会介意在做好自己分内事情的同时，尽自己所能每天多做一些分外的事情。一个优秀的员工，只要与工作相关，只要事关公司利益，无论是分内的还是分外的工作，都会努力做好，从不去计较自己额外的工作会不会得到相应的报酬。然而，付出总有回报，他们多做了一些事，多给公司创造了效益，最终他们会得到比他人更多的成功机会。

邢志东刚刚毕业就来到一家机械加工厂工作，他的任务是制图。但他常常在完成了自己的制图工作之后去车间做些力所能及的事情，以争取尽快地熟悉整个生产工艺和流程。

工作了一个月之后，他发现压铸车间生产的产品存在一些微小的瑕疵：很多铸件内部存在小米粒大小的气泡。如果不加以改进的话，客户很快就会因发现这些瑕疵而大量退货，这样工厂将会有很大的损失。

于是，他找到了负责操作压铸机的工人，向他指出了问题。这位工人却说，自己是遵照工程师的要求严格按照规范动作操作的，如果是压铸技术有问题，工程师一定会跟自己说的。但是现在还没有哪一位工程师质疑他的操作技术，所以他认为自己的工作是不存在任何问题的。

邢志东只好又找到了负责技术的工程师，对工程师提出了他发现的问题。工程师很自信地说："我们的技术是经过专家指导和多次试验的，怎么可能会有这样的问题？"工程师并没有重视他说的话，转而就把这件事抛到了脑后。

但是邢志东认为这是个严重的问题，于是拿着有气泡的产品找到了公司的总工程师，结果总工程师只看了一眼，就发现了问题。但是，他考虑了一会儿，也没想出到底是哪里出了问题。于是，他请邢志东跟他一起检查一下整个生产流程。

总工程师带着邢志东来到车间，从原料冶炼开始检查，最后发现，原来是压铸机的一段液压油管有渗漏的现象，从而导致压力下降，产品内部出现了微小的气泡。更换了油管之后，产品果然没有瑕疵了。

经过这件事情之后，总工程师马上提拔邢志东做了自己的助手。从一个小小的制图员一下子成了厂里的骨干人员，有些人觉得邢志东不就是发现了一个气泡吗？用得着这么小题大做吗？结果，总工程师不无感慨地说："我们公司并不缺少工程师，更不缺少制图员，但是我们缺少的是主动去做分外工作的员工。邢志东在完成自己的本职工作以外，还能发现产品问题，这个问题连本应该负责技术监督的工程师都没有发现。对于一个企业来讲，能主动承担分外事情的人才，是值得我们大力培养的。"

但凡有大成就的人，都存在着一个共同的特点，那就是拥有强烈的责任感，不仅不满足于仅仅做好自己的本职工作，还总是积极主动地去承担起更多分外的事情。正是因为有了这种责任感，他们的能力才会得到快速提高，他们发挥自己才能的平台也不断得到扩展。这些能够主动承担更多责任的人，也必然能够成为组织欢迎的人，在工作中获得更多的发展机会。

能力永远需要责任来承载，只有主动承担责任，才华才能够更完美地展现，能力才能更快地提升，才能赢取更多的发展机会。如果你是一块金子，那么只有承担更多的责任，才能磨砺出更耀眼的光芒。

雅雯在一家外企担任文秘工作，她的日常工作就是重复地整理、撰写和打印一些材料，枯燥而乏味。但是，雅雯还是很认真地对待自己的工作，丝毫没有掉以轻心，也没有觉得这份工作没有任何乐趣和前途。

雅雯由于整天接触公司的各种重要文件，她就有意识地关注自己工作以外的事情。后来她发现公司在一些运作方面存在着问题。于是，除了完成每日必须要做的工作，雅雯还开始搜集关于公司操作流程方面的资料，并做出了一份更加合理完美的操作流程建议提交给了老板。

老板详细地看了一遍这份材料后，对这个建议非常地赞赏，并很快在公司里实行。结果发现，这一流程大大提高了公司的运作效率，同事们对雅雯也是刮目相看。

不到一年的时间，雅雯就被任命为老板的助理。遇到什么大的事情，老板总会征询雅雯的意见，并让她参与决策，对她十分倚重。

责任感是最能激发个人潜在能力的灵丹妙药，责任感也最能帮助人们培养克服困难的勇气和解决问题的能力，使人不断地挑战自我，积极主动地开展工作，出色地完成各项工作任务，给自己创造更广阔的职场空间。

在某些员工的印象里，工作好像有分内和分外的差别，他们满足于做好自己的分内之事，分外的事情从来都是“事不关已，高高挂起”。其实，工作责任是没有严格界限的。

真正负责任的员工总是善于承担分外的事情，他们认为这是自己该做的，自己有义务为团队贡献更多的力量。正是这种责任感，成就了他们努力拼搏的进取心与积极高涨的工作热情。在老板眼中，这样的员工是物超所值的，所以当更多的机会来临时，老板是不吝于优先考虑他们的。所以，在职场上行走，要勇于承担分外的工作，让金子的光芒更加耀眼，从而照亮自己的职场成功之路。

2. 在岗位上做出超出岗位要求的成绩

有这样一种常见的现象：不少员工都把老板放在了与自己相对的位置上，将工作和酬劳算计得一清二楚、明明白白，拿多少薪水就做多少事，不愿多付出一丝努力，不愿多承担一点儿责任，做一天和尚撞一天钟，从来不会给老板带来一点“惊喜”。

每名员工在团队中都承担着一定的工作。作为团队中的一员，应该想方设法地为团队多出一点力，多创造效益，成为团队中不可或缺的人才。只有做事超过老板的预期，才能得到老板的欣赏和团队的认可。如果对工作只是敷衍、应付，或者仅仅满足于做好分内之事，那么，由于你对团队的贡献不算大，因而也就算不上是不可替代的员工。

企业不是福利院，企业要生存发展就需要靠员工不断地创造效益，需要团队成员之间团结协作。每个人都要竭尽全力为团队贡献自己的力量，只有整个企业发展了，个人才能得到更好的发展。

张春丽19岁那年因家境贫寒而放弃了上大学的机会。为了改变家庭的经济状况，她只身前往深圳，投靠在深圳打工的表哥，成为中显微电子公司的一名普通女工。

张春丽是个不服输、不甘人后的女孩，她从走上流水线的第一天起，就暗暗告诉自己：“过去不能改变，但一定要努力改变现状。”“要做就做到最好，在什么岗位都要超过领导的期望！”她希望用自己的勤奋和责任，赢得更广阔的发展空间，从而改变自己的命运。

她非常珍惜自己的工作机会，从没有因为自己从事的是一种简单劳动而放松自我要求。她用最短的时间掌握了流水线岗位的操作技能，遇到脏活累活苦活总是不等领导吩咐就主动承担，总是抢在同事们的前头。很快，张春丽吃苦耐劳、认真负责的工作态度，得到了公司领导和同事的认可。工作一年后，领导将其从生产流水线调入人事部门，实现了她职场上第一次“鲤鱼跳龙门”。

张春丽刚到人事部门时，为了尽快适应岗位的需要，她每天都要加班到凌晨。她经常虚心地向同事和领导请教，前任主管时常在深夜还要被她电话“骚扰”。不久，她发现公司的薪酬制度不够完善，导致某些员工浑水摸鱼。于是，她编制完善了新的公司薪酬管理制度，重新建立了适应公司运营的薪酬体系；另外，她还根据公司运作的要求和外部市场行情，制订了对骨干员工的中长期激励计划。

新的薪酬体系有效地打破了该企业原来存在的平均主义大锅饭的单一分配体制，既照顾到了公司内部薪酬的阶梯性，让员工看到了希望，得到了激励，又保证了薪资水平的对外竞争优势。因此这项制度，在公司当年的职工代表大会上获得一致通过，并在一年的实施中取得了明显的成效，给整个企业带来了可喜的变化，创造了巨大的效益。这让老板非常惊喜，从此对她更加信任和器重了。

张春丽的成功，在于她能在自己的岗位上做出超出岗位职责的业绩，总是能超出老板的期望，给老板带来一个个惊喜。所以，当她为公司做出了巨大贡献的时候，她自己也赢得了先机和主动。

身在职场，绝不能做“按钮式”的员工，满足于老板安排做什么就做什么，老板要求做到什么程度就做到什么程度。真正聪明且有责任心的人，总是用比老板的要求更加严格的标准来要求自己。老板要他完成某项工作，他会比老板期望的做得更好，每次工作都给老板一个惊喜。这样的人，往往都能够成为老板眼中有价值、有含金量的员工。当然，老板在适当的时候也会回报给他同样的惊喜。

某大型贸易公司要招聘一名员工，公司的人力资源部主管对应聘者进行了面试。他提出了一个看似很简单的选择题：

天气非常干旱，老板安排你挑水上山一趟，去浇公司种下的果树，如果一次挑两桶水，你虽然能够做到，不过会非常吃力、非常劳累。如果只挑一桶水上山，你会很轻松地完成任务。你会选哪一个?

许多人都选了第二个。

这时，人力资源部主管问道："虽然老板没有要求你一定要挑两桶水，但是既然你能挑两桶，干吗只挑一桶呢？你只挑一桶水上山，能够缓解果树的旱情吗？"很遗憾，许多人都没有想过这个问题，他们最终也没能通过面试。

人力资源部主管这样解释："一个人有能力或通过努力就能够做好超出自己责任的工作，可他却不想这么做，这样的人责任意识比较淡薄，不能为企业带来最大的效益。我们希望自己的员工都具有强烈的责任心，做出超出责任范围的业绩来。"

在任何一家企业，老板器重的都是那些能够做出不断超出他期望的业绩的员工，那些员工能够为企业带来更大的利益，能够为团队带来更强的战斗力。如果你现在还没有得到老板的器重，你应当问问自己：我有没有超过老板的期望?

记住：老板在为你安排工作时，一定会充分考虑到你的能力。如果你总是能超越老板的期望，不断带给他惊喜，那么在老板的眼中，你就是一个有能力、有责任心的员工。对于这样的员工，他除了会给你高额的回报以外，还会创造种种条件，让你有更广阔的舞台发挥才能，为你提供更宽广的展示自己的平台。

3. 以全局观要求自己

迈克尔·乔丹是NBA历史上最伟大的球员之一。他之所以伟大，并不仅仅是因为他有全面的技术和出众的个人能力；更为重要的是，他在赛场上能着眼全局，只要有利于球队的胜利，他就会毫不犹疑地去做，从不计较个人得失。可以说，正是他的这种着眼全局的精神和责任感，成就了他和芝加哥公牛队。

现代职场上，有很多员工就像球场上的某些球员一样，只想着个人得分，从而突出自己，只想着吸引老板的目光成为老板眼中的红人，而缺乏大局观和团队精神。其实，如果一个员工不顾大局，没有任何责任感，在工作中只顾表现自己，凡事都片面地从自己的角度出发，不能像老板那样着眼全局去考虑问题，那么他最终只能成为一个自私自利的人。

员工应该顾全大局，像老板一样思考问题，以团队的利益为先，不要把目光局限在自己的岗位责任上。只要有利于团队利益的事情，就要毫不迟疑地去做，哪怕自己会暂时为此吃点亏，或者受点委屈。其实从长远来看，你超越责任的全局观，能使整个团队获得更大的成功，而团队成功是个人成功的前提和保障。

从某偏远山区进城打工的小姑娘王慧，由于学历不高，又没有什么特殊技能，于是选择了饭店服务员这个职业。在常人看来，这也许是一个最简单、最没有技术含量的职业，只要手脚勤快就可以了。王慧所在的饭店，有许多服务员已经在那里做了好几年，她们每天就是刷刷盘子、洗洗碗，客人来了不咸不淡地招呼一下，很少有人会认真对待这份工作。因为这看起来实在没有什么需要投入的，它也不像一份正儿八经的事业。

可王慧并不这么想，她一开始就表现出极大的责任感，并且把饭店当成自己经营的事业来用心工作，处处站在老板的角度想问题。她以极大的热情投入工作，半个月之后，她不但能熟悉常来的客人，而且基本了解了他们的口味。只要这些客人光顾，她总是能够迅速热情地打招呼，并且协助客人点出他们喜欢的菜品，这一点赢得了顾客们的交口称赞。显然，她也为饭店增加了不少收益，饭店的生意明显比以前红火了许多。

由于王慧热情周到的服务，很多顾客都成了这家饭店的回头客，他们不仅自己光顾，还经常介绍朋友们过来。有时候，王慧要同时招待几桌的客人，却依然井井有条，一点都不手忙脚乱。

饭店的生意日益红火，老板自然明白是谁的功劳。在老板决定开一家分店的时候，明确地提出跟她合作，希望她作为分店的实际负责人，资金全部由老板出，而她将获得新店30%的股份。

现在，王慧早已不再是给老板打工的山村小姑娘，而成为了一家大型连锁餐饮企业的老板。

在现实工作中，很多员工只关注个人利益，只从个人角度考虑问题，很少能够着眼全局，用老板的眼光和思路对待工作。这样的做法其实很片面，因为把自己局限在打工仔的身份上，就会导致情绪消极，给企业和个人发展带来不利影响。想在职场上获得质的飞跃，就需要和老板进行“换位思考”，把整个企业放在自己的责任范围之内，以促进整个团队的共同发展。只有这样，才能全心全意地做好每件事。

很多人抱着“反正整个团队的事情有老板操心，我只要做好自己的事情就行了”的思想，来对待自己的工作。其实，忽略全局，只盯着自己一亩三分地的岗位责任，就脱离了整个团队，是很难做出卓越成绩的。很多情况下，我们需要和老板进行“换位思考”，试着站在老板的角度去思考问题，只有站得高才能看得远，也只有这样我们的工作才更有前瞻性和指导性，我们才会成长得更快。

着眼全局，像老板一样思考，树立这种主人翁意识，并不是说所有人都可以成为老板，而是说员工要想在职场上发展，就要把工作当成事业来做，要有大局观，有团队精神。要知道，我们的工作并不是单纯地为了自己当老板，我们既是在为自己的饭碗工作，也是在为实现自己的人生价值工作。

老托马斯·沃特有一次在一个寒风凛冽、阴雨连绵的下午主持IBM的销售会议。老沃特在会上首先介绍了当时的销售情况，分析了市场面临的种种困难。会议从中午一直持续到黄昏，一直都是托马斯·沃特一个人在说，其他人则显得烦躁不安，气氛沉闷。

面对这种情况，老沃特缄默了10秒钟，待大家突然发现这个十分安静的情形有点不对劲的时候，他对大家说：“我们缺少的是对全局的思考，别忘了，我们都是靠工作赚得薪水的，公司不仅仅是老板的，我们必须把公司的问题当成自己的问题来思考。”之后，他要求在场的人都开动脑筋，每人提出一个建议。实在没有什么建议的，可以对别人提出的问题加以归纳总结，阐述自己的看法和观点，否则不得离开会场。

结果，这次会议取得了很大的成功，员工们纷纷发言，站在老板的角度上思考问题，许多存在已久的问题被提了出来，并找到了相应的解决办法。

许多员工的态度十分明确：“我是不可能永远给老板打工的。打工只是我成长的过程，当老板才是我成长的目的。”这是一种值得敬佩的创业激情，但是毫无疑问，作为一名员工，如果你不能着眼全局，不能站在老板的角度思考问题，那么当你真正做了老板的时候，你依然会欠缺这种大局观和团队精神。这些东西不是一个老板的身份能一夜之间赋予你的，而必须在你平时的工作中培养和积累。

工作中，无论你是普通员工还是高级主管，你都不可能在没有团队其他成员支持和帮助的情况下独立完成全部任务。如果你不顾大局，没有一点团队责任感，那么你只能停留在打工仔的认知水平和能力上，永远也不可能实现职场上的真正飞跃。所以，为了团队的整体利益，为了自己未来的发展，要努力培养自己的团队精神与责任感，要学会站在老板的角度上思考问题。

4. 提升竞争力的方法：不断学习

在职场中，每个人都在努力提高自己，以适应不断变化发展的职场环境，提高自己的竞争力，使自己在职场的激流中站得更稳，使自己在团队中的作用日渐重要。不断学习进步是我们在职场上生存发展的基本技能之一。

在工作中，每一名员工都应当自觉地学习新知识、掌握新技术，不断提升个人的工作能力，让自己更好地面对复杂和困难的局面，解决工作中出现的各种新问题。这是对企业的负责，也是对工作的负责，只有不断学习进步，才能胜任岗位的新变化和新要求，为企业和团队做出应有的贡献。

卡莉·菲奥莉娜女士是惠普公司前董事长兼首席执行官，她曾说："一个首席执行官成功的最起码的要素就是要不断学习。"她是这样说的，也是这样做的。

卡莉·菲奥莉娜的职业生涯是从秘书工作开始干起的，法律、历史和哲学方面的知识她都曾经学过，但这些并不是卡莉·菲奥莉娜最终成为首席执行官的重要条件，因为做惠普的首席执行官不懂技术是说不过去的，这些都需要通过学习来掌握。

在惠普，并不是只有卡莉·菲奥莉娜自己需要在工作中不断学习，整个惠普都有激励员工学习的机制，惠普的员工每过一段日子就坐在一起做一次相互交流学习，以此来相互了解对方和整个公司的动态，了解业界的新动向。

最初，卡莉·菲奥莉娜也做过一些不起眼的工作，可是她无论做什么工作，都严格要求自己不断地学习进步。在这些岗位上，卡莉·菲奥莉娜以最大的热情和责任心在工作中最大限度地学习新的知识和技能。她不断地总结工作中的经验，对于新的环境和层出不穷的变化要不断地学会适应，不断总结过去的工作方法和效率，以便找出更佳的工作方法。卡莉·菲奥莉娜正是通过不断地努力学习，保证了自己紧紧与时代共进的步伐，并在工作中找到了充实自己、不断提升自身才能的方法。

卡莉·菲奥莉娜不是学习技术出身，在惠普这样的一家以技术创新领先于世界的公司中，她正是通过自己坚持不断地学习才能迅速有效地提升自我价值，并最终在人才济济的惠普公司脱颖而出，成为“全球第一女首席执行官”的。

身为一名员工，在竞争激烈的职场中，就如逆水行舟，不进则退。若一名员工不能进步而只能吃老本，不愿意主动替自己“充电”，不断提高自己的价值，那么他随时都有可能被淘汰。所以，不断学习是在对自己负责，只有不断增强自己的竞争优势，善于从解决问题中学到新本领，才能逐渐走向卓越。

在工作中，我们每天都会遇到新情况，接受新挑战，面对新事物，只有天天学习，才能天天进步，能力才会不断提升，个人才能不断“增值”。每一个员工都应该把学习作为自己的责任之一，只有不断提高自己的能力，才能为团队、为企业做出更大的贡献，才能创造自己职业生涯的辉煌。

在工作中学习是非常有效的提高个人能力的方式，工作中遇到的所有的难题都可以成为“突破口”，解决问题的过程就是收获知识和技能的过程，慢慢地总结经验教训，工作能力就能得到大幅度的提升。

某企业有一名年轻的博士，对工作非常负责任，也为公司创造了巨大的效益。老板对他非常赏识，第一年就把他提拔为项目组负责人，第二年又提拔他为部门经理。

然而，当上部门经理以后，他似乎就满足于现状了。他想，就这样一直拿着高薪，待到退休似乎也不错。他在部门经理的职位上干了将近一年的时间，却没有一点像样的成绩。朋友善意地提醒他：“应该上进一点了，没有业绩是危险的。你看别人都在进步，小心被同事超越了。”

没想到，他竟然说：“我是公司里唯一的博士，别人再努力也赶不上我的。”

的确，他的文凭是公司里最高的，但是公司更看重的还是实际能力。别人都在进步，只有他还在原地踏步。又过了半年，公司里很多同事业绩都超过了他，而他毫不在意。终于，他接到了老板降职的通知。

一个人的工作能力是随着不断地努力学习得以提升的，无论现在的你处在什么职位或者哪个职业阶段，都必须坚持学习。即便你原本就有突出的能力，并且做出过出色的业绩，但一旦丧失了责任感和上进心，故步自封，满足现状，不思进取，最后也会被淘汰。

曾经有位记者问李嘉诚，从一个打工青年到拥有如此巨大的商业王国，靠的是什么？李嘉诚回答他，依靠知识。有位外商也曾经问过李嘉诚："李先生，您成功靠什么？"李嘉诚毫不犹豫地回答："靠学习，不断地学习。"

现代职场如逆水行舟，不管你现在从事的是哪种行业，如果不能不断地学习进步，就意味着你将丧失续航的能力，意味着你将逐渐被掌握更多新知识和拥有新技能的人所取代。在激烈的职场竞争中，只有不断提升自我的人，才能具有高能力、高素质，才能不断获得并拓展生存空间。

在职场中生存，允许你没有高学历，也允许你在工作之初没有出色的能力，但绝不允许没有责任感，绝不允许在工作中贪图安逸，不思进取。因为学历和经历仅仅代表过去，唯有不断学习进步才能赢得未来。

"活到老，学到老。"这句古训应该被拿来作为自己行走职场的座右铭，只有不断学习进步，掌握新知识、新技能，不断提高自己的职业水平，才能保持自己的竞争优势，保证事业之树常青。

5. 伟大的代价就是责任

英国首相温斯顿·丘吉尔曾说："伟大的代价就是责任。"在政坛上如此，在职场上亦如此。可以说，一个人只有表现出高度负责的精神，才会赢得老板的赏识和重用，员工担当的责任愈大，取得的成功也就愈大。

如今，许多员工并没有完全认识到这一点，有些人甚至将老板放在和自己对立的位置上，把老板看成是苦大仇深的"敌人"。在工作中不愿多付出一丝努力，不愿多做一丁点儿事情，不愿意多承担一点儿责任。他们错误地认为，多承担责任只会"便宜"了老板，而不会为自己带来什么，自己只是白白"吃亏"。

其实，真正有责任心的员工不会怀有这样的想法，他们只会想到自己应当多承担一些责任。多承担责任不是吃亏，而是对老板和自己都有利的做法。很多人可能只看到了成功人士风光无限的一面，却不清楚他们为此担负了比他人更多的责任，付出了更多的努力和代价，才换来了今天的荣耀。

有两个年轻人，小王和小张，大学毕业后他们同时进入一家民营企业工作。小王分在广告设计部门，小张则被安排在财务部门。

刚开始的时候，两个人的工作表现没有太大的差别，因为他们毕竟都是刚刚踏入职场，工作能力是差不多的。但是小王仅仅是循规蹈矩地完成上司交给自己的任务，就不再做哪怕丁点儿的事情了，结果给人留下了推诿、逃避工作的坏印象。而小张则总是在完成自己的工作之后，尽量自己找事情做。因此他经常忙得不可开交，而小王则优哉游哉地过着“滋润”的日子。

有一次，小张主动去帮小王所在部门的一名员工整理宣传材料，小王趁同事不注意的时候嘲笑小张：“你真是个二百五，我跟他在一个部门都不帮他，你瞎操什么心啊？你多干了这么多活儿，有什么用，工资还不是跟我一样，整天累得要死，你图什么啊？缺心眼儿！”然而，小张只是笑笑，依旧主动做着他力所能及的事情。

半年之后，整个公司进行工作考核，小张的业绩大家都非常满意，在考虑培养新的干部的时候就连其他部门的很多员工都纷纷找到主管推荐小张。这让主管大为惊讶，于是他详细了解了小张平时的工作情况，果断地提拔他做了自己的副手。而小王因为平时总是只做自己手头上的事情，不肯多承担一点点责任，结果同事们对他都有意见，主管就很干脆地把他辞退了。

一个人能做出多大的事业，往往取决于他有多大的责任心。小张在工作中愿意承担更多责任，因而获得了更多的发展机会，而小王不肯多做一点事情，结果成了企业里多余的人。这就说明，一个人承担的责任越多，他的价值也就越大，得到的回报也就越多。反之，老板就会觉得这个员工价值不大，不会重视他，既然他不愿意承担更多的责任，那么有他没他都一样，索性就辞了他。

所以，我们每个人都要警惕，不要让自己成为不能承担更多责任而被老板扫地出门的员工。在完成好本职工作后，问问自己：“我还能承担什么责任？”然后，积极主动地为自己找事做，表现出自己拥有更高的价值，这样也会为自己带来更多的发展机会。

某天，艾伦所在公司的某位主管突然病了，丢下了一大堆没有处理完的事情进了医院。老板已经跟几个部门经理谈过这件事情了，想让他们暂时接管那个部门的工作，可他们都以手中的工作非常忙或者对那个部门的业务一点都不了解为由推辞掉了。

于是，老板问艾伦是否能够暂时接管这一工作。其实，艾伦也十分忙，尽管有些为难，但是他认为老板既然让自己承担这个责任，就是认为自己能够胜任，自己不过就是更加劳累一些罢了。因此，他当即接管了那个部门的工作。

整整一个月的时间，艾伦都忙得没有时间歇口气。但是，艾伦最终很好地承担起了这份责任，把自己的部门跟那个部门的事情都处理得井井有条。后来那位主管回来了，对艾伦非常地感谢，并且极力在老板面前夸奖艾伦对公司有责任心。

后来，老板要去开拓其他业务，就毫不犹豫地提拔艾伦做了总经理，全权负责原公司的一切事务。

很多时候，领导把你责任之外的任务交代给你，就代表领导器重你。这时候，千万不要推脱埋怨，这是一个不可多得的机会。如果你能达到老板的要求，相信你的分量就会在领导的心里加重；如果你用这样那样的借口拒绝承担，那么你在领导心里的印象就会一落千丈，即使有了升职加薪的机会，你还能指望他留给你吗?

当然，一个人担负的责任越大，那么也就意味着付出就会越多，这也是许多人不愿意担负更多责任的主要原因。还有一些员工，对自己的能力不自信，总觉得自己胜任不了。其实，人是在锻炼中成长的，只有不断承担更多的责任，才能不断地超越自我，提升自己的价值，使自己逐渐胜任更多的工作。

美国前总统肯尼迪有一句名言：“不要问国家能为我们做些什么，而要问我们能为国家做些什么。”作为一名员工，我们也要明白同样的道理，要想着我们能为企业多承担一些什么，只有这样，才能更快地提高自己的职业能力，在机遇到来的时候才能不让它溜走。

图书在版编目（CIP）数据

感恩心做人，责任心做事 / 庄立著 . —北京：
中国华侨出版社，2016.4

ISBN 978-7-5113-6028-1

Ⅰ . ①感… Ⅱ . ①庄… Ⅲ . ①成功心理—通俗读物
Ⅳ . ① B848.4-49

中国版本图书馆 CIP 数据核字（2016）第 066919 号

感恩心做人，责任心做事

著　　者 / 庄　立
责任编辑 / 文　喆
责任校对 / 王京燕
经　　销 / 新华书店
开　　本 / 670 毫米 ×960 毫米　1/16　印张 /17　字数 /200 千字
印　　刷 / 北京建泰印刷有限公司
版　　次 / 2016 年 6 月第 1 版　2016 年 6 月第 1 次印刷
书　　号 / ISBN 978-7-5113-6028-1
定　　价 / 32.00 元

中国华侨出版社　北京市朝阳区静安里 26 号通成达大厦 3 层　邮编：100028
法律顾问：陈鹰律师事务所
编辑部：（010）64443056　　64443979
发行部：（010）64443051　　传真：（010）64439708
网址：www.oveaschin.com
E-mail：oveaschin@sina.com